厕所革命

日本公共厕所设计

[日] 阿尔法图书（alpha books）编

秦思 译

江苏凤凰科学技术出版社

高龄者、残疾人士、妇女、儿童及外国人都能安心使用的厕所空间。

第3章　华丽而时尚的厕所空间

第 4 章　主题厕所与儿童厕所

第1章

厕所的
通用性设计

　　过去，日本的公共厕所有四大污点：乱、脏、暗、臭。但随着时代的进步和科技的发展，采用了最先进科技的日本厕所逐渐变成了世界上为数不多的美观且干净的厕所设施之一，洁净程度驰名世界。现在的日本公共厕所基本上都采用了日本自主研发的便利设备，包括为残障人士考虑的无障碍设施、安装了人工肛门的特殊人群（ostomate）专用的洗手台、成人折叠式操作台等多功能便利设备。

　　日本即将进入老龄人口占比更高的"高龄、超高龄社会"，公共厕所必然要从他们的使用角度设计。因为特殊人群身体上的不便，所以在厕所设计方面有很多细节都需要为他们特别考虑。虽然现在这一人群在日本的占比还是少数，但可以预言将来肯定会变成大多数。而且，2020 年即将在东京举办奥运会和残奥会，届时会有更多身体不便的外国人士到访日本，这也是影响日本厕所建设的一个因素。在此背景下，如何让厕所文化迥异的外国人及需求不同的人群在使用公共厕所时感到安心、舒适和整洁，成为日本厕所在通用化设计时所需要考虑的因素。

⊟ 配色和外观

　　白色不仅能展现出通透和明亮的感觉，还能消除厕所曾经给人负面印象的四大污点。但如果使用方法不当，也可能会让部分人群感觉厕所不易使用。

　　高龄人群的眼睛因长年暴露在紫外线下，在看到白色物体时，可能看到一片白色，也可能看到一些肮脏的黄色。不仅如此，随着年龄的增长人的视觉机能是会退化的，所以白色可能会让他们感觉"刺眼""看起来有点模糊""难以分辨同色系颜色的差别"等。如果厕所整体都采用纯白颜色，还可能会导致使用者摔倒或撞伤等。

　　不同类型的视觉障碍者在视觉上的感受都不一样。同样是弱视的人，感受也可能不一样，有人仅有部分的视觉能力；有人看大的物体能看清，但看小的物体就非常模糊；有人害怕强光，在太阳光照强烈的房间里，再加上墙面和地面的反光增强了房间的光亮度，会让他们看什么东西都不清晰；还有人视野非常狭窄。假如厕所的地面、墙面、坐便器都使用白色，就可能会使他们产生视觉辨识障碍，造成不便。

　　而如果使用颜色反差较大的配色设计，就能给视觉功能较差的高龄人群和弱视人群（以下统称为"弱视人群"）营造出方便使用的厕所空间。例如，在白色的基调上，墙壁部分使用反差大的深色，突出洗手池和坐便器，大大增加它们的辨识度（图1）。悬挂小便器的空间可以使用深色的污垂石形成颜色对比，从而达到很好

图 1 加强便器和周围颜色对比的厕所内部空间

（弱视人群眼中的厕所）

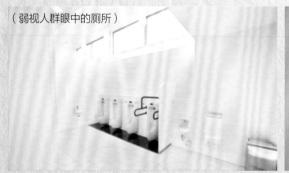

（正常人看到的情形）

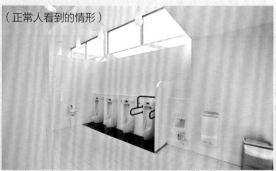

图 2 考虑到看不清白色的高龄人群，小便器和污垂石使用对比鲜明的配色

图3 用光线的强弱来指示正确的站立位置

的辨识效果（图2）。厕所隔间墙壁和门的颜色对比明显，为让人一眼就分辨出眼前的厕所隔间是否有人使用，厕所隔间的门最好使用深色，因为厕所门锁一般都使用银色，深色的门作为背景能把门锁衬托得更显眼。而且当厕所进行维修，隔间门不能保持常开状态时，弱视人群也能够快速分辨出隔间门的位置。

针对全盲者的设计

此外，还要考虑全盲者的需求，设计时要活用光线和触觉。虽然说是全盲，但其中也有一些人能感受到光线变化。在洗手池、小便器和每个厕所隔间前都使用垂直照明，利用光线的强弱来为他们指引正确的站立位置。但同时又需要考虑那些对光照特别敏感的人，因此一定要到现场检测厕所整体的光照强度和每个灯光的照射方向（图3）。

厕所隔间的门一般都是常开的，对一些全盲者来说很难分清隔间内、外部分。所以，厕所隔间外应使用单位面积较大的瓷砖，内部使用单位面积较小的瓷砖。当盲人使用盲杖敲打地面时，通过盲杖传达到手上的震动会产生细微的不同，他们通过这些震动差异就能知道自己进入厕所隔间内部了（图4）。

图4 能让盲人感知厕所隔间内外差异的瓷砖贴法

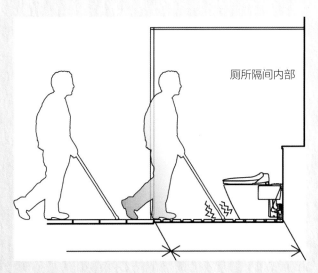

厕所隔间内部

▣ 厕所入口的设置

很多场所会同时配备男厕所、女厕所、多功能厕所、儿童专用厕所、母婴室等。有些场所将不同类型的厕所入口设置在一条线上，找起来比较容易。但有些场所将各个厕所入口凌乱地分布在不同的地方，找厕所很费劲。从厕所的通用性来讲，将厕所入口设置在同一区域，让人一眼就快速找到合适的厕所是一个非常重要的设计标准（图5）。如果厕所入口的设计不够简单，那人们就不得不到处寻找厕所，还要在场所中增加很多不必要的厕所指示牌。在设计阶段，这个问题一定要注意。

图5 一眼就能看到所有厕所入口的设计样例

图6 厕所地面具有整队作用的指示线

▣ 指示线

在厕所地面上设计指示线，能帮助人们迅速找到从入口到厕所隔间的线路。该方法对配有厕所隔间、洗手台区域和化妆区的大型厕所十分有效。指示线使用和周围地面不同的材质，在触觉和颜色上有明显的区分，也能提升视觉障碍者的辨识度。举个例子，某购物商场在使用指示线后，厕所使用秩序良好，即使在使用高峰时段，人们也自然地沿着指示线排成一队（图6）。指示线还能帮助那些听力不佳的听觉障碍者。在人群拥挤的时段，只需按指示线排队即可，不会像以前那样搞不清状况，不知何时才轮到自己。

🚽 厕所的动线规划

厕所门口的动线设计要注意保护个人隐私，保障厕所内部设施的隐蔽性。为了保护隐私，从厕所门口到洗手台区域之间短距离内可以设置两三次的转弯，切断来自外部的视线。与此同时，还要考虑视觉障碍者使用的便利性，转弯的动线需要设计得尽量柔和，不要过于复杂或者进出厕所的线路不一致。

此外，考虑到全盲使用者的需求，他们一般去不熟悉的场所都会有人陪同。例如，逛商场时一般都有好友、家人等关系亲密的人陪同，大多数情况都可以陪同上厕所，引导他们走至小便池前或厕所隔间内。但当他们在政府机关之类的办共场所时，可能会请周围的引导员或志愿者帮忙带路去厕所。这种情况他们会感到害羞，不好意思让别人把自己带到厕所的隔间内。因此，需要在厕所的入口处设计一个无障碍厕所隔间，让盲人凭借自己的摸索就能进入隔间内。

如今很多女士厕所除了设置厕所隔间、洗手台这两部分空间外，还会设置化妆间。厕所动线可能就会比较复杂。如果再发生排队上厕所的情况，拥挤的人群会导致动线愈加复杂。总之，厕所的动线设计要尽量简洁，能从头到尾一笔完成是最理想的（图7）。[1]

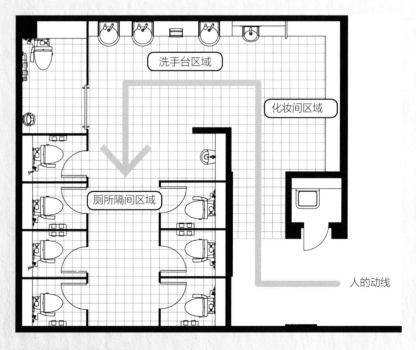

图 7 简洁的动线设计样例

1 摘自老田智美、田中直人著《福利设施和大型商场中动线设计及视觉障碍者的厕所使用实例》，2017 年 3 月出版。

图 8 内照式厕所指示牌样例

厕所位置指示牌

厕所指示牌能给使用者指明厕所位置，它的引导作用非常重要。指示牌一般有三个主要功能：引导人们找到厕所的位置，引导人们找到厕所入口，介绍厕所隔间内的设备类型。其中，指引厕所位置的指示牌要求简明易懂。大型商场这类场所，厕所位置一般都远离场所的主要动线。人们通常认为厕所设置在商场角落或尽头。因此，在找厕所时，都是一边走一边抬头寻找吊在天花板上面的厕所指示牌。如果人们不能在目之所及处找到下一个方向指示牌，或者指示牌太小难以被发现等，就可能会浪费时间走错路，产生烦躁情绪。所以，首先要保证指示牌的设置是连续性的。当考虑到场所整体设计之类的因素，只能设置较小的指示牌时，可以采用内照式的指示牌。内照式指示牌比外照式的更亮眼，引导性更佳（图8）。

当厕所位置远离主动线时，人们在寻找厕所的过程中可能产生疑惑和不安。此时，最好使用直观的设计，向远处指引，这样能减少他们的疑虑，引导效果更佳。同时，指示牌可以和地板的设计相结合，增强引导性（图9）。

图 9 厕所指示牌样例

（正常人看到的情形）　　　　　　（色觉异常者看到的情形）

图 10　色觉异常者看到的颜色示意图

厕所入口的指示牌

近年来，公共厕所设施的标准配置逐渐变成：男厕、女厕、多功能厕所。大型商场还要在此基础上增设儿童专用厕所和母婴室。因此，需要设立简单、易区分的入口指示牌。当一家人去逛商场，或者跟朋友约会逛街时，上厕所时一般会一起走到厕所附近，然后需要上厕所的人自己去找厕所入口。所以，厕所入口的指示牌设计需要考虑不同年龄层人群的需求。

主流的厕所入口指示牌都采用形象图案的设计形式。形象图案的表现形式可以不受语言的制约，通过图案就能直观地将信息传达给使用者。如今访日旅客不断增多，各种场所、场合均引入了形象图案的设计方式。在日本，人们熟知厕所相关的图案设计，所以很多地方在男厕、女厕入口都采用只有图案没有文字的设计。但是因为文化差异，外国人可能无法通过图案分辨厕所入口的差别。去年，笔者和朋友到中国商场游玩时，就发现有些中国人对厕所形象图案的认知度比较低。特别是那些高龄人群。所以中国厕所的入口指示牌上除了形象图案以外还有非常大的"男士（男性）""女士（女性）"的文字说明。赴日旅行的游客中，中国游客数量占比最多。考虑到这个因素，日本厕所入口的指示牌也应该加上"男""女"的文字。正好日文和中文里这两个汉字相同，日本人、中国人都能看懂，也容易理解。

日本的厕所指示牌颜色比较固定。男士厕所一般使用蓝色，女士厕所则一般使用红色，这里的颜色包括指示牌的背景色和图案的颜色。男、女厕门口的指示牌使用不同颜色能让人快速辨别。即使不看牌子上的图案和文字，凭借颜色也能区分男厕、女厕。当按颜色区分变成习惯以后，若同一处的男厕、女厕的入口指示牌都使用蓝色作为背景，就很容易引发男性误闯入女士厕所的麻烦。这种情况就需要在女厕入口指示牌下面，使用红色的女性形象及女厕字样的贴纸。在设计指示牌时，只需在设计重点上使用大众普遍认知的颜色，就能轻松地区分多个厕所入口。

此外，还需要考虑患有色觉异常的人群，他们看颜色时会产生色差。最常见的情况是红绿色盲。每 20 个日本男性中就约有 1 人是红绿色盲，而女性 500 人之中就约有 1 人，可见红绿色盲者很多。红绿色盲者看厕所入口的指示牌时，可能会把女士厕所门口的红色看成暗沉的泥土颜色，这个颜色在他们眼里跟男士厕所指示牌上的蓝色没有特别明显的差异。因为色觉异常人群的存在，所以厕所入口指示牌的设计需同时考虑代表颜色、形象图案及文字这三点，使用多种属性满足不同人群的需求（图10）。

厕所隔间外设备指示牌

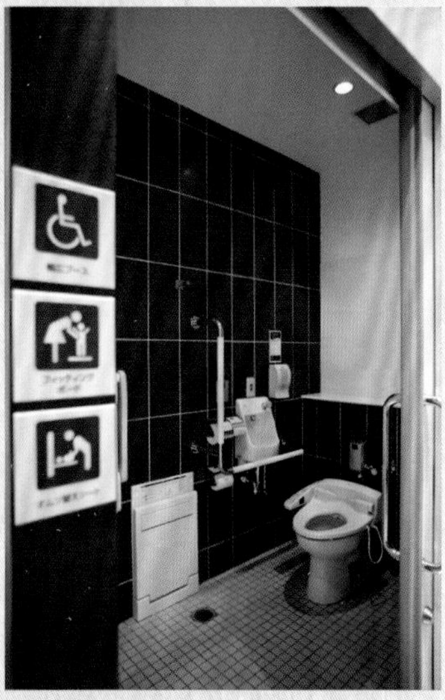

近年来，"功能分散"这一理念逐渐渗透到日本的公共厕所设计中，开始将不同的特殊功能分散到普通厕所中。现在，多功能厕所的主要使用对象是坐轮椅、挂拐、带着婴幼儿的和ostomate人群等上厕所需要辅助的人群。

而有些场所常年有大量带孩子的人光顾，使用多功能厕所的需求激增。因此，有人建议应该在普通厕所中增设可以供他们使用的设备，让他们不仅能使用多功能厕所，也可以使用普通的男厕、女厕。现在的普通厕所里，部分隔间增加了给婴儿换尿布的尿布台和能将婴儿放在上面坐的婴儿固定椅。有些场所还在专门的厕所隔间内配备了给ostomate人群使用的洗手池。不同隔间里配备的装备可能不一样，就需要在隔间门口处贴上内部装备配置的简单指示牌（图11）。

当厕所里有人，关上厕所门的时候，其他人也能从外面知道隔间里有什么设备，哪个隔间适合自己使用。厕所隔间指示牌对来日本观光的游客也很有帮助。在日本，公共厕所隔间内一般都使用坐式的马桶，而在中国，主要使用蹲式便池。隔间外的设备指示牌能让中国旅客在隔间门外就能分清哪个是马桶，哪个是蹲厕。

设备指示牌大多数都采用形象图案设计。但有的设备如ostomate专用洗手池是日本特有的产品，外国人可能不太能看明白。因此多功能厕所的隔间设备指示牌最好使用"图案＋日语＋英语"的表现形式。这同样也是为2020年东京奥运会和残奥会的举办提前做准备。

图11 厕所隔间外的设备指示牌样例

紧急情况指示牌

在紧急情况发生时使用的指示牌也非常重要。例如，视觉和听觉障碍等人群在密闭的厕所隔间内时，发生火灾之类的紧急情况该如何处理。因为他们可能无法及时了解隔间外发生的情况。对视觉障碍者来说，这时播放紧急警报或紧急情况通知等声音类的广播，就能让他们知晓有情况发生。而听觉障碍者听不到声音，厕所隔间又让他完全看不到外面的情况，即使有人过来敲隔间的门，如果敲门的振动不是非常明显，也很难发觉。

此时，在厕所天花板上安装紧急情况专用的报警灯是非常有效的手段。但必须保障每个厕所隔间内都能看到报警灯。同时在报警灯旁悬挂报警灯功能说明的牌子，让所有人都明白这个设备的作用（图12）。

图12 从厕所隔间内看到的紧急情况报警灯

以上所介绍的事例，都是笔者就现在的公共厕所通用性方面进行调查、研究后得出的自己的见解，从而梳理出一些关于厕所环境设计的例子。但设计里没有正确答案。我所列的不过是关于厕所通用性方面的例子，绝不是什么"正确答案"，只是作为大家的一个"参考"罢了。随着时代的推移、前进，人类社会的需求也会变化，与之对应的全新的视点和条件都会影响到我们的设计理念，从而孕育出新的设计手段。设计的通用性也是如此。如果本书案例能让大家感受到设计通用性的重要性，我将十分满足。

如在林中散步的厕所

AEON MALL 四条畷店
大阪府四条畷市砂 4-3-2

面积: 116.8 ㎡ (女厕 72 ㎡、男厕 36.8 ㎡、多功能厕所 8 ㎡)

设计: The Brain 研究所
施工: 清水建设
摄影: 清水建设、The Brain 研究所

设计理念

本案例为餐饮街附近的公共厕所。该设计方案将大自然的景物变化了形态,与现代都市美食街的空间理念相结合,建造出一个让人心情放松、舒畅的公共厕所环境。为了在日常生活中营造"晴朗"的感觉,设计者将树木作为主题图案,进入该空间后能让人有一种轻松散步的感受。为了便于识别,在厕所入口处的墙面上精心设计了指示牌。进入厕所内部,地面上标有黑色的引导线,充分考虑了厕所的通用性。

☛ 通用性设计的 ⑨ 个要点

①

在厕所入口和母婴休息室前的通道中央设计几条长凳,可以让其他人一边休息一边等待同伴上厕所或者等待妈妈给孩子喂奶。墙壁上投放的影像,能减轻等待时无聊的感觉,尤其是对于儿童。但长凳所在的位置是厕所门口,一定要加强对这一区域的影像监控,防止犯罪的发生。

① 厕所入口

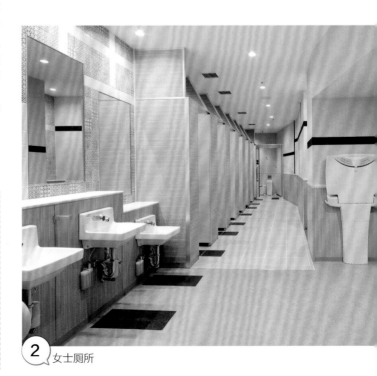

② 女士厕所

③ 2 层厕所入口

2 层形象图案指示牌

婴儿座椅

换尿布台

婴儿床

2 层厕所隔间内部指示牌

②

厕所内部地板以白色为基调，沿一条直线连续设计了数个黑色方块。黑色方块既能明确指示出洗手池和厕所隔间门的位置，方便患有眼疾的人群使用，又非常具有设计美感。简洁的地板稍加设计就能让它巧妙地发挥作用。

③

沿着人们寻找厕所目光的方向，设置了突出的、辨识度非常高的厕所指示牌。指示牌使用了大众熟知的颜色进行区分，男士厕所使用"蓝色"，女士厕所使用"红色"，多功能厕所使用"绿色"，母婴休息室使用"粉色"。而且在此基础上搭配了形象图案设计。指示牌上方还加上了马赛克样式的装饰，并且每种指示牌上的马赛克都使用了与厕所类型一样的颜色。如此一来，大大增加了指示牌的面积，强化了指示牌的存在感，使其发挥更强的引导作用。

④

厕所内部以树为设计基调,洗手池前方地面上设计了不同颜色的方块,为视力较差的人群指明了洗手池的方位。同时白色洗手池下方搭配深茶色台面,更方便他们使用。

2层女士厕所

☞ 设计要点

●动线设计十分简洁,在充分考虑通用性的基础上进行设计。

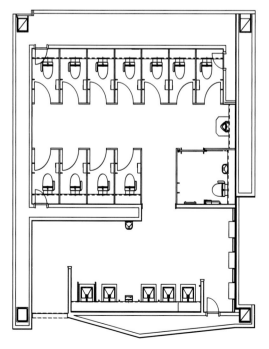

2层女士厕所平面设计图

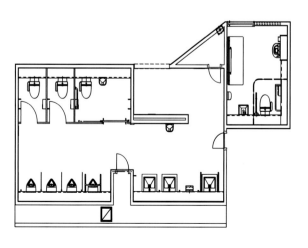

2层男士厕所平面设计图

2层男士厕所

2层女士厕所

5 2层厕所隔间

5

厕所隔间内部墙壁的装饰材料颜色和白色对比鲜明，能提高白色便器的识别度。厕所隔间的外侧墙壁和门的颜色也形成鲜明对比，方便排队等待上厕所。因为隔间没人使用的时候门会打开，从外面只能看到隔间的墙壁，看不到门；当隔间有人使用关上门时，就能看见黑色的隔间门，很容易区分。同时在厕所隔间区域外面排队的人也能看清隔间是否被使用，很大程度上减轻了等待者的焦虑感。

6

厕所入口的前面为等待者设置了休息长凳，还设计了一个小广场。男、女厕所入口分别设置在小广场的两边，视线没有遮挡。

墙壁上设计了用瓷砖做的腰线。腰线从男、女厕所的门口一直延伸到内部。这种设计也有引导线的功能，能从视觉上将人引导到内部。同时，视觉障碍者还可以通过触摸瓷砖凹凸不平的表面获知进入厕所内部的线路。它的触觉引导功能也很值得参考。

6 厕所入口

7 女士厕所

⑦

从洗手台区域能看清厕所隔间区域的布局，能让人快速分辨出厕所隔间是否被使用。此外，在厕所隔间最里侧的正中间设置了一个供儿童使用的小便器，女性带着小男孩的时候可以使用。儿童小便器非常显眼，即使在人群拥挤的时候也一眼就能看到。

⑧

带隔间的化妆间区域设计在远离厕所主动线的位置上，比较安静，能让人心情更加放松，安心使用。同时，为了便于寻找，从厕所入口一直到化妆间区域，墙壁上都使用腰线进行装饰，既美观又起到引导作用。

⑨

厕所内部以白色为基调，小便器区域的墙壁上使用海水蓝，突出小便器的位置。如此一来，也能提高弱视人群对小便器位置的辨识度。而且，每个小便器的旁边都配置了一个横钩，方便挂拐杖的使用者，可以把拐杖、雨伞之类的物品挂在上面。

⑨ 男士厕所

第 2 章

日式自然风格
的 厕 所 空 间

治愈系厕所

高岛屋 GATE TOWER MALL
爱知县名古屋市中村区名站 1-1-3

面积：1392 ㎡（厕所整体及一部分的休息区域）

设计：Gondola 设计事务所
备注：厕所入口、休息区域（3、4、6 层）及店内的环境设计
指示牌：高岛屋 GATE TOWER MALL
植物装饰设计：大和租赁公司

设计理念

JR 名古屋的高岛屋是新兴的都市时尚生活购物广场。高岛屋的设计理念是"让人心动的郊外游乐"，设计主题是"创造出让人们享受购物的商场环境"。与商场里充满刺激、欢乐的时间、空间设计相反，厕所要呈现一种让人心情舒缓的氛围。所以设计出了这个如同休息场所一般的"以四角形设计为中心，周围用圆形点缀的厕所空间"。

进行厕所设计时，首先要考虑厕所在建筑整体中扮演怎样的角色。第一步，要调查大楼所有楼层的客人类型、厕所使用情况等现状。调查后发现：整栋楼现存的 21 个厕所在星期六当天需接待顾客高达 28 000 人次；因为大楼建造在名古屋车站上方，所以使用厕所的男性比例相对一般情况更高，男女比例为 3.2∶6.8；不同楼层厕所的使用人次也不同，使用人数最多的是 2 层，每天 4182 人次，最低的是 9 层，每天 483 人次。目前，商场部分楼层会发生厕所排队的情况，最严重的是 2 层，排队人数超过20 人。

根据上述调查结果提出相应的设计解决方案。同时需结合

大楼整体的设计理念以及每个楼层的主题，将 7 所公厕按照以下要点进行设计：

1．能够安抚情绪的治愈系设计；

2．空间、照明、换气、设备等方面使用方便，人群拥挤时也能顺畅出入的动线设计；

3．实现通用性设计，除一处厕所外，其他所有的厕所都配备了多功能厕所隔间和加大加宽的厕所隔间；

4．根据预估每层的使用人数设计每层的便器数量；

5．结合商场的主题及职业女性客人较多的情况，每层厕所都设计了充足的化妆间区域，同时还设置了母婴室和婴儿尿布替换设施等，方便带孩子来的客人；

6．每层厕所的设计方案都融合了所在楼层的主题。

原来的设计在每一层都配置了 2 个厕所。但考虑到人们找厕所时所需的平均步行距离，最终决定每层只配置 1个厕所。将 2 个厕所合并后，厕所的总使用面积增大，

3 层厕所入口

3 层男士厕所

3层厕所入口及休息区

每层可设置的便器总数增多，相应地，排队人数就会减少。而且，合并后，可以增加更多的功能性设备，应对不同人群的使用需求。商场里一个厕所的面积超过 200 ㎡，在日本应该算是首例。因为可用面积变大，所以多功能设施成为标准配置。每一层的厕所都配备了多功能厕所区域、简易多功能厕所隔间、化妆间区域、母婴室、婴儿尿布替换区域、休息区域等。改建后的厕所布局将功能集中，提高了使用的便利性。

与此同时，每层厕所都根据该楼层的主题，使用了完全不同的设计方案，具有各自的特性。

厕所竣工后，每层都配有一个专门的厕所引导员，他会时常在厕所巡视，帮助那些上厕所遇到困难的人，营造出一个安心又洁净的厕所空间。

根据每个楼层的厕所使用人数情况，调整了便器数量，低楼层的厕所增加便器。并且为应对可能出现的厕所排队的情况，专门设计了等待区域，不影响其他区域的使用，很大程度上减少混乱的产生。同时，厕所的动线设计也很合理、顺畅，从厕所隔间出来是洗手台区域，接着是化妆间区域等，符合顾客的使用习惯。各层厕所采用不同的设计风格，让顾客身处商场，就能感受到设计的细致，旨在营造令人心情舒适的厕所空间。

3层女士厕所化妆间区域

3层女士厕所

设计要点

● 商场的第一层专柜位于3层,可以说该层的厕所决定了人们对商场厕所的整体印象。设计师希望给名古屋站周围繁忙的人们带来一刻的放松。厕所前的空间用绿植、木装饰,搭建阳光透过木头缝隙洒进来的场景。人们在购物的过程中,不时能遇到像去郊游途中休息的场所。几个像小山丘的沙发随意摆放在休息区域中间,如同野餐时铺放在地上的便当,别有一番意趣。休息区有很多作用,可以坐下休息、等待朋友上厕所、玩儿手机、聊天、查看大楼的信息等。

☛ 设计要点

● 7层是儿童专属楼层，销售儿童用品，还配有儿童游乐场。

● 该层的厕所以近郊的森林为设计主题，建造了由木格子环绕的儿童厕所、多功能厕所，同时设置了比其他楼层更多的哺乳室、换尿布区域、婴儿辅食调配区域等，还配备了许多五颜六色的椅子，充满童趣。这很符合小朋友的品位，如同在去野餐的途中遇到的漂亮风景。男士厕所、女士厕所也使用多种款式的木纹三聚氰胺耐火板进行装饰，整体风格保持一致。

● 部分照明灯具还使用了爱知县产的美浓和纸作为灯罩，极具特色。

7层厕所入口

7层休息区

7层女士厕所化妆间区域

7层儿童厕所

7层男士厕所

6 层女士厕所化妆间区域

🛒 设计要点

◉ 6 层面向年轻女性销售各种杂货。人们一般不会特意为了购买杂货而跑一趟商场，大多都是在逛街买其他东西时路过杂货楼层顺便买一下。所以这层厕所的设计主题定为"自己的房间"。

◉ 该层厕所的定位就是逛街接近尾声时，顺路使用一下的"平常的厕所"。为了营造自家厕所的氛围，厕所设计得如同起居室一样，中间的洗手台随意分布，旁边自然连接着各个厕所隔间。

◉ 洗手台采用树叶造型的设计，4个台子组合在一起，仿佛派对房间一样。

6 层女士厕所化妆间区域

6 层厕所入口及休息区

6 层男士厕所

6 层女士厕所

8 层厕所入口及休息区

📢 设计要点

- 8 层主要是书店。近年来，书店设计逐渐发生变化，店内设有各种形式的读书角，可以随手拿起一本书坐下来阅读。厕所和书店连接的地方仿照书店的风格，设计了带有书架和沙发的休息场所。客人可以一边等待同伴，一边阅读。同时厕所内部空间也设计了书架。书架可以放上最新出版的书籍和热门的畅销书，达到一定的宣传效果。
- 因为厕所空间相对狭小、功能单一且安静，不易被其他信息干扰，所以宣传效果会更好。该层厕所的设计风格也和其他楼层不一样，采用北欧明快休闲的风格，让人感觉十分亲切。

8 层男士厕所

8 层多功能厕所

8层女士厕所

8层女士厕所化妆间区域

漂浮在爱琴海上的小屋

天神地下街，西 12 番街
福冈县福冈市中央区天神二丁目地下 1、
2、3 号

面积：120.1 ㎡（女厕 39 ㎡、男厕 30.2 ㎡、
多功能厕所 10.2 ㎡、哺乳室 12.4 ㎡、其他
28.3 ㎡）

设计：丹青社
施工：丹青社
摄影：Blitz Studio 石井纪久

设计理念

2016 年，公司开业 40 周年，借此机会将厕
所全部翻新。天神地下街的设计理念是"天
神地下街，令人心动的旅行屋"。整条街仿
照 19 世纪欧洲高格调街景设计而成，让来访
的客人仿佛来到另一个世界旅行，充满梦
幻色彩。

西 12 番街的厕所设计主题为"漂浮在爱琴海
上的小屋"。四个厕所中空间最大的一个配备
了让妈妈们安心的哺乳室、多功能厕所区域，
在厕所入口还设置了休息室，将厕所空间利用
最大化。

此外，厕所可以通过控制灯光的变化，切换昼、
夜两种场景。再搭配适合的香薰，韵味更浓。
厕所内部装饰均采用暖色系材料，不同的位置
还精心装饰了各种小摆件。整个空间让人感觉
温暖而柔和。

厕所入口

厕所入口

男士厕所

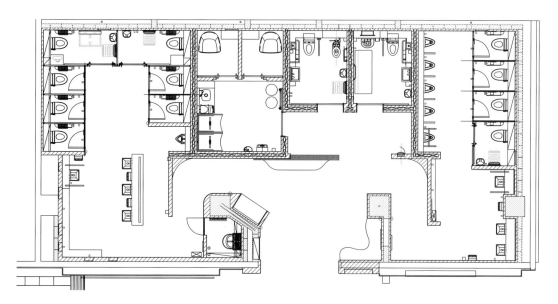

平面设计图

母婴室

👉 通用性设计

★男厕、女厕和多功能厕所的指示牌采用日、英、中、韩4国语言标注，充分考虑了海外旅客的需求。

★多功能厕所还配备了4国语言的声音指引装置。

母婴用厕所隔间

女士厕所

多功能厕所

满足 3 代人需求的漂亮厕所

LECT 购物中心 2 层
广岛县广岛市西区扇町

设计：Izumi 公司开发总部、Space 公司
施工：鹿岛建设有限公司
摄影：铃木慎二、矢野胜伟

设计理念

现在很多商业场所都在厕所空间设计方面下足了功夫。厕所的设计风格可以说是百花齐放，但这些让人眼花缭乱的设计里，有哪些是真的受到使用者喜爱的呢？需要我们重新审视。

本案例的设计前提是同时满足 3 代人的使用需求，要求干净、整洁且功能齐备，将使用者的舒适度放在第一位。设计者不断思考如何才能达到以上要求，仔细推敲设计的细节。首先，必须划分出多功能厕所、儿童厕所、化妆间、母婴室、储物柜、休息室、吸烟室等区域，然后再从布局和结构上对它们进行组合，最后形成四个设计、材料、照明方式各异的厕所空间。既满足了使用的舒适度，又能给人惊艳的设计感。

而且，随着季节的变换，厕所会使用不同类型的天然香薰。香薰有使人精神振奋的作用，让使用者心情舒畅。

厕所周围销售化妆品和时装，顾客以女性为主，所以，这层的厕所特别设计了豪华、漂亮的休息室，化妆间。旨在赢得女士的欢心，让她们即使没有上厕所的需求，也会被厕所漂亮的环境吸引而特地来看一看。

厕所入口及休息室

儿童厕所

厕所指示牌

立体效果图

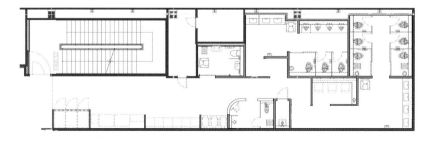

平面设计图

女士厕所

女士厕所化妆间区域

男士厕所

婴儿车停放地

多功能厕所

儿童厕所

满足 3 代人需求的 "家庭厕所"

LECT 购物中心 2 层
广岛县广岛市西区扇町

设计：izumi 公司开发总部、Space 公司
施工：鹿岛建设有限公司
摄影：铃木慎二、矢野胜伟

设计理念

该层是美食城，就餐人群以家庭为主。厕所使用频率最高的也是以家庭为单位的人群。针对这类人群的需求，厕所增设母婴室和吸烟室等，全方位满足家庭成员的使用需求。

厕所入口

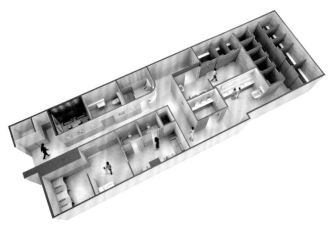

立体效果图

平面设计图

儿童厕所

多功能厕所

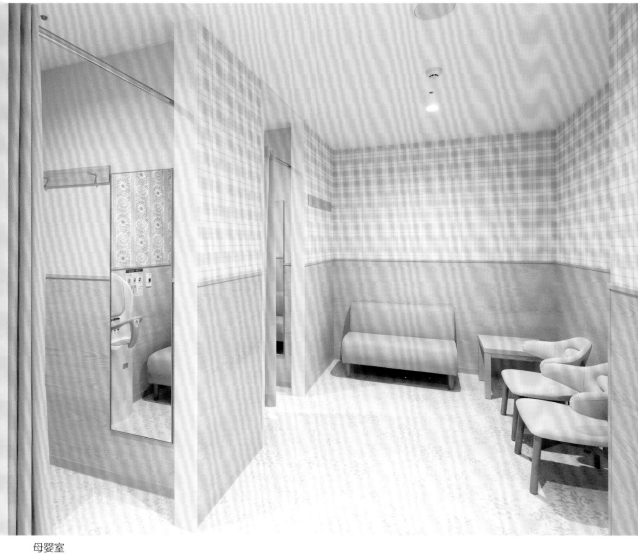

母婴室

儿童厕所

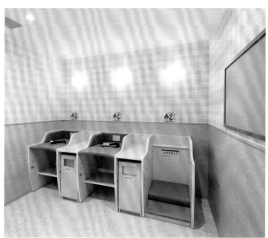

母婴室

女士厕所

女士厕所化妆间区域

女士厕所

男士厕所

男士厕所

男士厕所洗手台区域

满足 3 代人需求的 "休息室"

LECT 2 层
广岛县广岛市西区扇町

设计：izumi 公司开发总部、Space 公司
施工：鹿岛建设有限公司
摄影：铃木慎二、矢野胜伟

设计理念

本案例周边是化妆品销售和儿童区域，为此增加了母婴室和吸烟室等，以便满足带孩子的客人和有吸烟需求的顾客，旨在打造舒适度高、品位时尚的，如同休息室的厕所空间。

厕所入口、休息区

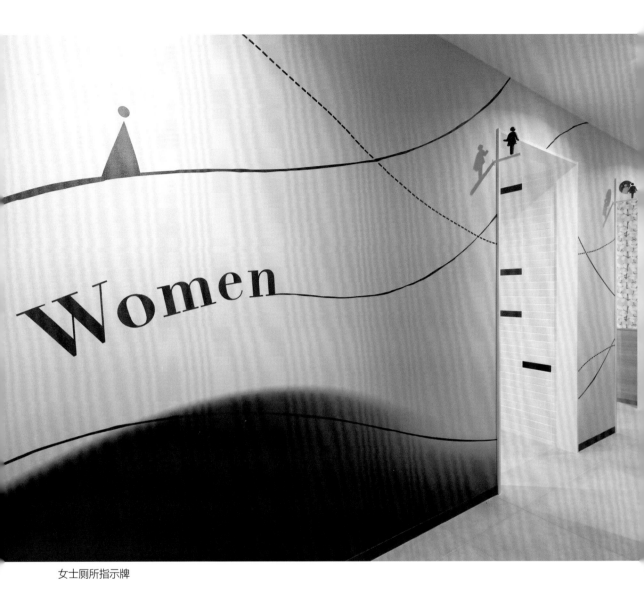

女士厕所指示牌

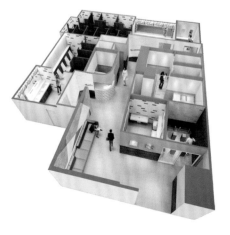

平面设计图、立体效果图

女士厕所

男士厕所

咖啡店风格的厕所

LECT 购物中心 1 层
广岛县广岛市西区扇町

设计：izumi 公司开发总部、Space 公司
施工：鹿岛建设有限公司
摄影：铃木慎二、矢野胜伟

设计理念

一层的顾客大多是来采购当天的食材的，厕所使用者以主妇为主。这个特点再结合 LECT 整体高品质的形象，决定其将厕所建造成一个舒适而温馨的咖啡店风格的空间。

厕所入口及休息室

女士厕所指示牌

男士厕所指示牌

儿童厕所

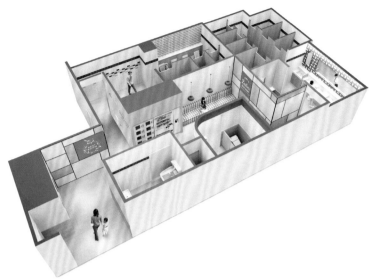

平面设计图

🚻 设计要点

●根据店铺分布和建筑结构，设计了四个风格各不相同的厕所，内部及周边都很有趣味性。

●使用马赛克玻璃瓷砖和彩色瓷砖营造出一个女士认为时尚、漂亮又可爱的厕所空间。

●灯光照明的设计也很温暖、让人安心，整体空间简洁而高雅。

🚻 通用性设计

★多功能厕所将进出方便、使用方便和功能齐全放在第一位。多功能厕所隔间内都配备了ostomate专用设备、换衣板、折叠床等设施。满足功能性需求的同时，营造出简洁、有质感、光线柔和的厕所空间。为提高厕所的通用性，需要特别注意指示牌的设计和使用。要求简单易懂，让人一目了然。该案例的指示牌图案设计简洁、可爱，又趣味十足。

女士厕所

男士厕所

女士厕所化妆间区域

让身心焕然一新的厕所

仙台 PARCO2（购物中心）
宫城县仙台市青叶区中央 3 丁目 7-5

部分楼层面积：3 层 77 ㎡（室内吸烟室 8 ㎡）、
4 层 58 ㎡

设计：NF 设计公司中原正昭、福岛纪子
施工：鹿岛建设有限公司东北分店
摄影：Nacasa & Partners
艺术指导：PARCO 公司空间系统部、
松村和典（FILM 公司）
照明：PARCO 公司空间系统部

设计理念

现如今，人们都理所当然地认为商业场所的公共厕所必须明亮、干净、整洁，所以厕所设计必须满足顾客的期待。使用厕所的目的各不相同，有的人可能是利用购物的间隙上个厕所，有的人可能想在吃饭前去补个妆，还有的人可能只想来休息一下。不管出于什么目的，在使用厕所的过程中都要让顾客放松身心，恢复精神，然后朝着下一个目的地出发。

最近，越来越多的男性愿意主动带孩子出行。所以也经常看到男士厕所隔间内设置婴儿座椅的情况。有男性帮忙带孩子，承担了主要养育子女责任的女性们比以前有更多属于自己的时间。因此设计师对化妆间区域的装饰非常用心，把化妆间打造成能给她们带来治愈效果的场所。

规则的百叶窗样式，配上暖色系间接照明灯光，整个空间井然有序。房间中央放置装饰柜，在灯光的衬托下，如同小岛一般。这些装饰工艺品使用了宫城县当地特有的杉木作为材料，仿佛上演了一幕轻快的剪影戏，给这个井然有序的空间带来富有律动的点缀。

厕所是再普通不过的场所，但设计能让人们获得进入非日常空间的体验。

4 层女士厕所

1层厕所入口

4 层厕所入口

3 层平面设计图

4 层平面设计图

5 层女士厕所

1 层女士厕所

综合设施中的厕所

银座 SIX 商场
东京都中央区银座 6-10-1

面积：1164 ㎡（地下 2 层 76 ㎡、地下 1 层 156 ㎡、3 层 226 ㎡、4 层 212 ㎡、5 层 210 ㎡、6 层 229 ㎡、13 层 55 ㎡）

设计：CURIOSITY 公司
施工：鹿岛建设有限公司

设计理念

商业空间设计很重视能否呈现有内涵的高级感。商业空间的动线和空间流动性相关设计方法也可以应用到厕所设计中。由于建筑物使用性上的制约，厕所一般都设置在比较偏僻的通道旁边。但我们可以对这段长通道进行艺术性的设计，让人放松心情。

此外，还可以利用灯光进行引导。从店铺区域走向厕所，灯光越来越暗，厕所入口到厕所隔间的通道灯光也逐渐变暗。利用间接照明营造出柔和的空间景象。厕所入口、隔间和化妆间区域，使用不同的间接照明方法，改变材料、墙面颜色和明度，使其更具有层次感。

☞ 设计要点

●该场所的客流量很大，需要设计更多的厕所隔间。同时还需考虑人们进、出厕所的动线，保证使用者顺畅地进出。先将人们进出厕所的动作分解，再据此设置不同的功能区域，才能实现顺畅的动线。各通道的宽度也要根据动线设置合适的尺寸。
●厕所入口通道的设计贴合建筑整体设计理念。光滑的墙壁上使用歪斜的线条装饰，设计感十足，让这条厕所入口通道在商场里毫无违和感。厕所内部使用了让人心情平缓的配色，结合用途选定材料。

厕所入口

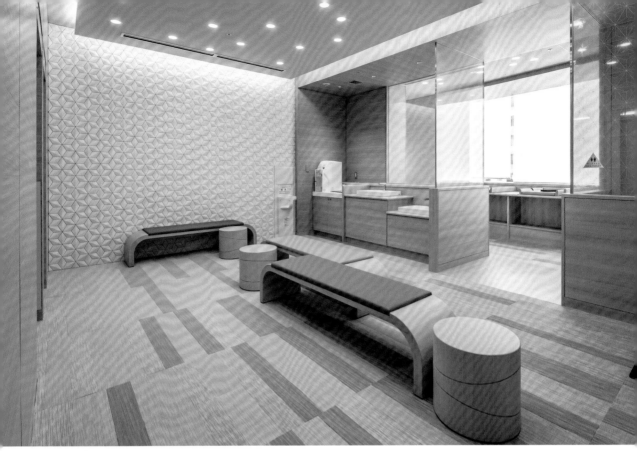

母婴室

4 层女士厕所

4 层男士厕所

4 层男士厕所

质朴的休闲风厕所 1

难波 CITY 南馆 2 层
大阪市中央区难波 5-1-60

面积：42.23 ㎡（女厕 26.47 ㎡、男厕 15.76 ㎡）

设计：乃村工艺社
施工：乃村工艺社
摄影：下村摄影事务所

洗手台、女士厕所化妆间区域

厕所入口

平面设计图

设计理念

本馆的设计理念是"城市休闲"。场馆目标人群的年龄跨度大，所以本层厕所的设计目标是营造出像在自己家一样的舒适空间。厕所设计采用简洁、中性的风格，借用曲线、木纹、绿植等装饰，营造出一个柔和的厕所空间。

化妆间区域与其他区域分隔开，私密性较强，照明显色性强，使用更便利。

针对该楼层的使用人群，还设置了婴儿床、哺乳室和儿童厕所，让带着孩子的顾客也能度过欢乐的购物时光。

总之，这是一个让人完全放松的休闲风厕所。

男士厕所

质朴的休闲风厕所 2

难波 CITY 南馆 1 层
大阪市中央区难波 5-1-60

面积: 61.13 ㎡ (女厕 38.61 ㎡ 、男厕 22.52 ㎡)

设计: 乃村工艺社
内装电气施工: 乃村工艺社
卫生设备施工: 南海高楼服务公司
摄影: 下村摄影事务所

厕所入口

设计要点

●设计成适合任何人的简洁、中性的厕所空间。
●结合南馆的环境风格,将休闲元素融入厕所设计中。
●设置了儿童专用设备和化妆间区域等,任何人都能方便使用。

洗手台、女士厕所化妆间区域

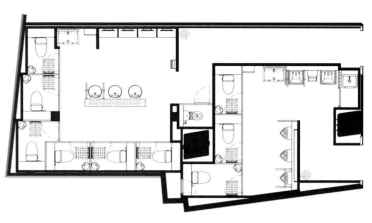

平面设计图

女士厕所

男士厕所

厕所入口指示牌、
厕所隔间指示牌

质朴的休闲风厕所 3

难波 CITY 南馆负 1 层
大阪市中央区难波 5-1-60

面积: 62.88 ㎡ (女厕 18.57 ㎡、男厕 17.62 ㎡、
哺乳室 2.92 ㎡、通道 23.77 ㎡)

设计：乃村工艺社
指示牌施工：乃村工艺社
内装施工：南海辰村建设公司
卫生设备施工：南海高楼服务公司
摄影：下村摄影事务所

厕所入口

女士厕所洗手台区域

男士厕所

女士厕所化妆间区域

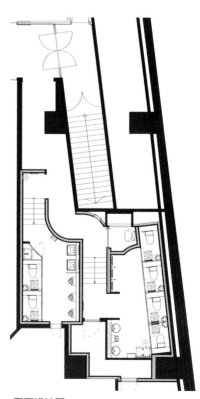

平面设计图

巢室

Marronnier Gate 购物中心银座 2，4 层
中央区银座 3-2-1

面积：女厕 20 ㎡

设计：Marronnier Gate
施工：设计艺术中心

设计理念

Marronnier Gate 购物中心银座 2 的 4 层的
销售目标人群是"时尚的妈妈们"。为了让这
些带着孩子的女性安心地享受购物，商场在厕
所设计方面下了很大功夫。厕所以"NEST"，
即鸟之巢作为设计形象，空间整体洋溢着木制
的温暖感觉。厕所内设置了供儿童使用的小便
器。而且，大人用的洗手池和镜子旁边也设置
了比较矮的洗手池、镜子，供儿童使用。这样，
女性就可以带着孩子一同上厕所，无需分开，
更放心。

厕所入口

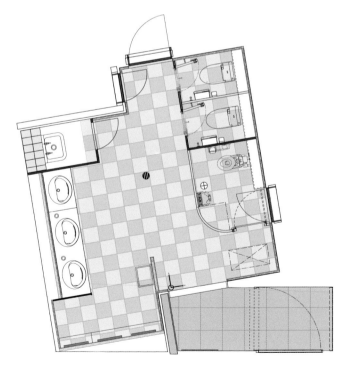

平面设计图

洗手池、女士厕所化妆间区域

女士厕所

儿童厕所

女士厕所化妆间区域

儿童厕所

缓解拥挤的多功能厕所

新东名高速道路冈崎 SA（往返线）
爱知县冈崎市宫石町字樱尻 5-1（往返线）

面积：上行线厕所 918.84 ㎡、下行线厕所
918.84 ㎡

设计：司设计事务所
施工：东急建设公司名古屋分店
摄影：东急建设公司名古屋分店

设计理念

既要活用该大规模集约型服务区的特色，又要
在拥挤时段保障往返线路厕所使用的顺畅。综
合考虑后，采用将往返线路合一的大厅设计。
由于服务区往返聚集的特性，为了不让人们将
方向搞混，将厕所大厅分成往返两个部分，采
用了两种各具特性的设计方案。

为提高厕所使用的便利性，引入显示厕所使用
情况的监控系统，在厕所入口处设置大型电子
屏，时时显示厕所使用情况。并且，厕所隔间
门上安装了使用指示灯，从远处就能看清隔间
是否有人在使用。厕所入口大厅设置了国际标
准的厕所图案指示牌（文字使用了 5 国语言），
与各个厕所入口的灯光照明相结合，能让所有
人简单、快速地明白该使用哪个厕所。厕所入
口附近还有道路交通信息展示窗，可以一边等
待上厕所的同伴，一边获取相关信息。

厕所内部也有精心、巧妙的设计。为了在清扫
厕所的时候不影响客人正常使用，设计了能将
厕所快速分区的功能。即使在清扫的时候，客
人也可以使用其他厕所。女士厕所内设置了可
以放心、悠闲使用的化妆间区域。为了让客

上行线大厅内的信息展示区域

下行线厕所入口

在使用化妆间时不被对面的视线困扰，化妆间的墙壁设计成柔和的曲
线型，保障使用者的个人隐私。化妆台也采用了向内凹的曲线造型，
减少台面对身体的阻碍，让使用者尽可能地靠近镜子。此外，还设计
了墙上悬挂式、可拉近到眼前的镜子，可以代替女士化妆时的手持镜。

女士厕所图案指示牌

女士厕所使用情况展示屏

男士厕所使用情况展示屏

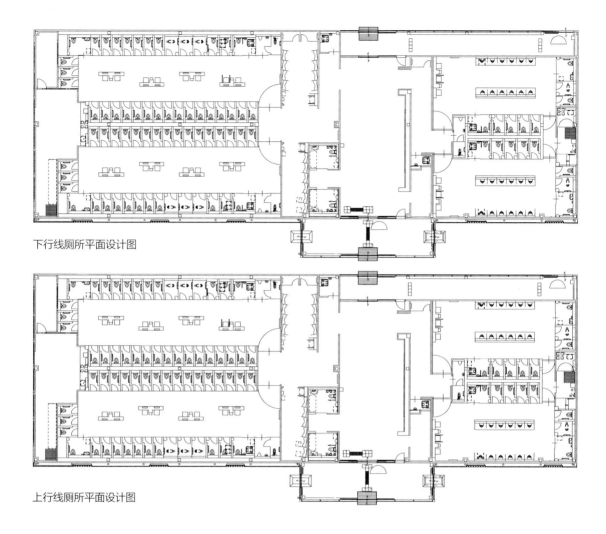

下行线厕所平面设计图

上行线厕所平面设计图

🔖 通用性设计

★冈崎 SA 的厕所通用性很强。身体不便的客人从停车场出来乘坐轮椅就能方便快速地找到厕所。为了达到任何人随时都能方便使用厕所的目的，设计师下了很大的功夫，最终取得爱知县人文街道建设推进相关条例的合格证。

上行线女士厕所内的儿童专用隔间

下行线女士厕所内的儿童专用隔间

上行线女士厕所

下行线女士厕所

- ◉上行线：冈崎市是花岗岩的产地，石都冈崎的称号非常有名。所以厕所空间设计以"石"为基调。
- ◉下行线：设计灵感为生活在冈崎市周边的猫头鹰和积木，以"木"为基调的空间效果让人感到温暖、平静。
- ◉上、下行线厕所采用不同风格的设计，消除人们对于方向的困惑。

上行线女士厕所化妆间区域

上行线女士厕所化妆间、换衣间区域

下行线女士厕所化妆间、换衣间区域

上行线多功能厕所

下行线多功能厕所

上行线男士厕所

☛ 通用性设计

┌─────────────────────────┐
★近年来，男性带儿童出行的情
况在逐渐增多。为了满足带着孩
子的客人的使用需求，男士厕所
和女士厕所内都配置了儿童专用
的隔间。
└─────────────────────────┘

男女厕所内大隔间的图形指示牌

上行线大厕所隔间

下行线男士厕所

上行线男士厕所内的儿童专用隔间

下行线男士厕所内的儿童专用隔间

下行线大厕所隔间

被富士山环抱的厕所

驹门停车场区域下行线
静冈县御殿场市神山

设计：青岛设计公司
施工：东急建设公司名古屋分店

设计理念

该厕所位于富士山山麓，为活用地理优势，让人联想到山脚下坡度平缓的原野，在建筑正面建造了隆起的大屋顶。建筑入口使用大面积玻璃墙，非常显眼。来高速公路休息区的客人从停车场就可以看到厕所。另外，经过设计师的精心计算、调整，耸立在后方的富士山正好映照在建筑外的玻璃墙上，景色非常怡人。

建筑内部空间并没有局限于普通的矩形分布，而主要着眼于设计流畅的动线。从大门入口到厕所和商铺是主动线。大厅作为连接各空间的重要区域，能将中庭和富士山的景色尽收眼底。因此，大厅空间的设计是舒适性的关键。

男女厕所内的隔间布局采用"全景式分布"，站在厕所入口就能看到所有隔间。这种布局的好处是：使用者能够迅速分辨出空的隔间，不需要在找隔间上花费时间，能以最短距离移动到可以使用的隔间。此外，因为洗手和照镜子的需求不同，人们采取的动线也不同，所以为了提高镜子的利用效率，把洗手台区域和化妆间区域分别设置在不同的地方。这样可以提高设备的使用率，从而缓解厕所拥挤的情况。

如上所述，本次设计旨在将高速公路服务区的厕所变成高效、舒适的空间。

指示牌、大厅

厕所入口

大厅内部景观

男士厕所

☞ 通用性设计

★为了避免普通人误用多功能厕所的情况发生，采用一眼就能了解厕所隔间整体情况的"全景式分布法"。而且将多功能厕所隔间设置在远离主动线的位置上，让真正需要使用多功能厕所的人去使用它们。

★为了让高龄人群也能够使用所有的厕所隔间，所有隔间内都设置了扶手和悬挂拐杖、雨伞的装置。同时，多功能厕所里还设置了多功能床、窗帘、紧急情况按钮等，方便有身体障碍的客人使用厕所，提高厕所的便利性。

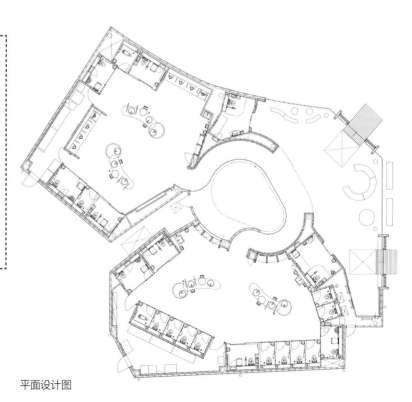

平面设计图

女士厕所

女士厕所洗手台、化妆间区域

能缓解旅途疲劳的厕所

公路旁的茂木车站
栃木县芳贺郡茂木町大字茂木 1090-1

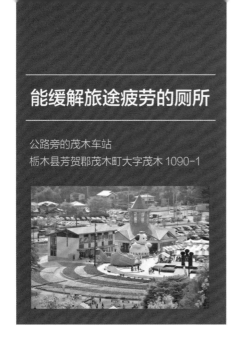

面积：182.9 ㎡（女厕 76 ㎡、男厕 64.7 ㎡、
多功能 5 ㎡、共用 37.2 ㎡）

设计：渡边有规建筑企划事务所
施工：近泽建设公司
摄影：LIXIL 有限公司

设计理念

茂木车站附近是热门景点，游客众多，非常热
闹。在车站附近可以品尝美食，看赛车飞驰，
非常适合一日游。

为了让游客们能短暂地远离喧闹，获得一时的
休憩，特意将厕所设计成充满治愈能力的空间。

木质百叶窗式的设计，能让人感受到外面多彩
的自然风光，阳光透过木板间隙温柔地洒落。
室内整体采用木质材料装饰营造出温暖、沉稳
的空间氛围。采用悬挂式便池，同时在小便器
下方设置污垂石，这样的设计能让厕所更长时
间保持清洁。多功能洗手池也可以减少水滴落
到地面的情况。除多功能厕所外，普通男、女
厕所里也配置了 ostomate 专用设备，增加特
殊人群使用的隔间数量，让他们可以轻松舒适
地使用。

女士厕所洗手台区域

●木头的质感和色调，配合自然光照明，营造出温暖、成熟、让人心情舒缓的空间氛围。

●悬挂式便器，小便器下面的污垂石和集洗手液提供、冲洗、热风烘干机于一体的多功能洗手台等设计，不仅美观而且能让厕所长时间保持洁净。

●女士厕所的化妆间区域和男士厕所之间设计了隔断，厕所隔间排成圆弧状，再加上造型新颖的隔间门，营造出一个崭新的厕所空间，让人使用舒适的同时，又能确保使用者的个人隐私。

◣ 通用性设计

★本案例设计了一个包含儿童专用便器、婴儿固定椅、婴儿尿布替换台的亲子厕所，将多项功能集中在一起。同时，考虑到可能有些人不愿意进入男女共用的多功能厕所，所以在普通厕所里也设置了加大加宽的厕所隔间，ostomate人群可以坐轮椅直接进入。

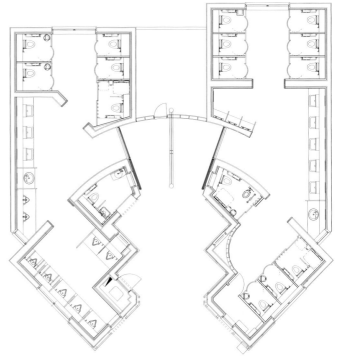

平面设计图

儿童厕所、男士厕所洗手台区域

女士厕所洗手台、化妆间区域

女士厕所隔间

女士厕所隔间

带有隔断的男士厕所

女士厕所内的儿童设施

体贴的景区厕所

贺茂别雷神社（俗称上贺茂神社）
京都市北区上贺茂本山 339 番地

面积：女厕 85 ㎡、男厕 76.8 ㎡、多功能厕
所 12.4 ㎡、婴幼儿区域 13.5 ㎡

设计：安藤·间公司大阪分店（一级建筑师事
务所）
施工：安藤·间公司大阪分店
摄影：TAGAYA 摄影影像部

设计理念

1994 年，贺茂别雷神社（俗称上贺茂神社）
被列为世界文化遗产，是京都三大祭祀之一
"贺茂祭"的举办场地，其他祭神仪式也经常
在这里举行。世界各地的参拜者人数众多。

神社内的殿宇历史悠久，特别是国宝级的主殿。
这里的厕所，需要采用传统建筑外观，考虑使
用耐久性，满足现代人的需求，安装最新的厕
所设备。总之，设计目标就是建造一个让所有
参观者都感到体贴的景区厕所。

厕所里面采用了间接照明，将吉野桧木做成的
板条小屋以及镂空的木板屋顶衬托得更有日式
韵味，再配上桧木的清香构成了一个元素丰富
的厕所空间。从视、听、嗅、味、触五种感官
上细细诉说自己的故事，以细致、温馨的"待
客之道"迎接前来参拜的人们。

厕所入口外观

厕所入口

🖝 设计要点

- ●木制建筑架构，一眼望到头。厕所入口处考虑到集聚的人群，
  设置了宽敞的等待空间。
- ●镂空的屋顶设计，使得空气在重力的作用下自然流动，从而达
  到自然换气的目的。

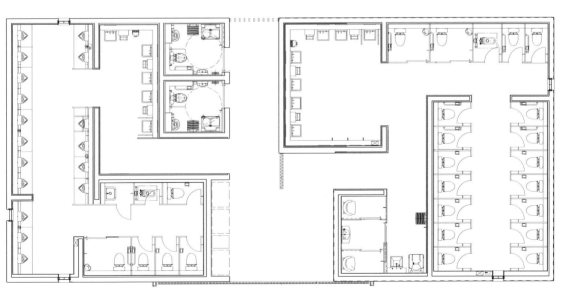

平面设计图

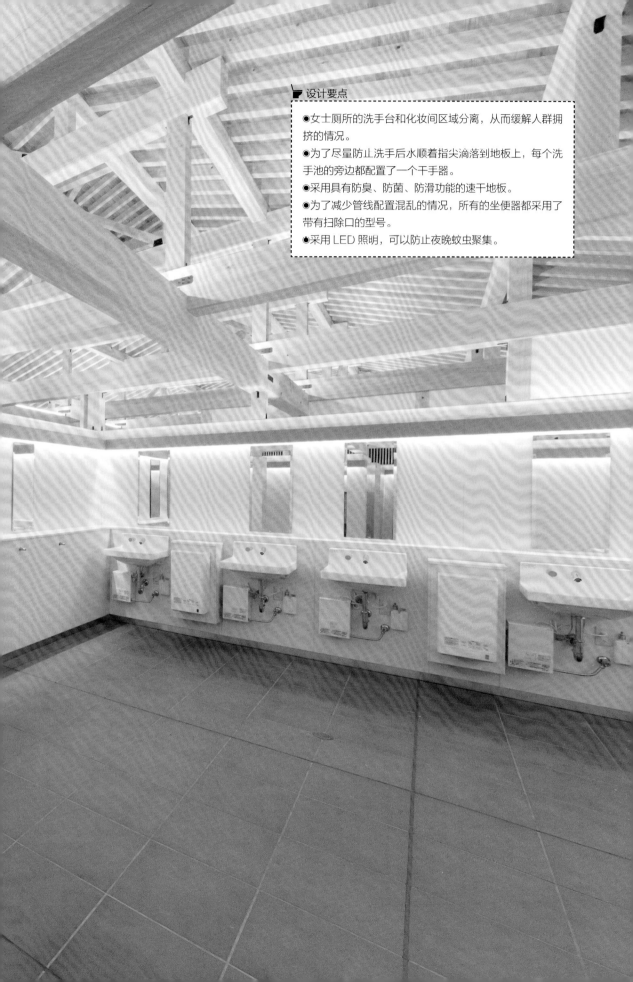

■ 设计要点

●女士厕所的洗手台和化妆间区域分离,从而缓解人群拥挤的情况。

●为了尽量防止洗手后水顺着指尖滴落到地板上,每个洗手池的旁边都配置了一个干手器。

●采用具有防臭、防菌、防滑功能的速干地板。

●为了减少管线配置混乱的情况,所有的坐便器都采用了带有扫除口的型号。

●采用 LED 照明,可以防止夜晚蚊虫聚集。

厕所入口

厕所指示图

厕所隔间指示牌

➥ 通用性设计

★配置了两间宽敞的，可以直接推着婴儿车进入的母婴室，内部配有婴儿尿布替换区域。

★针对左侧或右侧身体障碍的人群，设置了两间左右对称的多功能厕所隔间。

★多功能厕所内配备 ostomate 专用厕所设备、儿童座椅、换衣板。

★设置多个宽敞的厕所隔间，可以直接推着轮椅或者婴儿车进入。

★在洗手台前方设有置物架，方便使用者。

★厕所指示牌采用二叶葵的平安装束纹饰，使厕所更符合贺茂神社的氛围，让人感觉更加亲切。

★为了让使用者更方便、快捷地找到厕所，每个区域的入口处都贴有结构分布图。

★为了让使用者快速了解厕所隔间的功能，每个隔间门上都贴有内部设备指示图。

女士厕所

母婴室指示图

哺乳室

男士厕所

男士厕所隔间

多功能厕所

温馨的亲子厕所、儿童厕所

秦野 Peko 公园（秦野市中央儿童公园）
神奈川县秦野市新町 574

面积：亲子厕所 8.35 ㎡、儿童厕所 10.44 ㎡

设计：秦野市政府机关
施工：小林建设公司
摄影：秦野市政府机关

设计理念

休息日，有很多带着孩子的家庭来公园玩耍，平日则经常有小学、幼儿园等团体在秦野 Peko 公园里举办活动。因为儿童众多，所以新建了亲子厕所和儿童厕所。

厕所外部建筑材料使用了秦野市本地生产的木材，给人感觉十分温馨。为防止犯罪发生，将这两个厕所设置在公园内视线宽阔的地方。为防止孩子们在跑动玩耍时磕碰，特意将厕所设计成比较圆滑的八边形。厕所内部的装饰迎合孩子的喜好，风格明亮、欢快。为使厕所显得更加宽敞，建造了较高的天花板，且在顶部开设天窗，能减少封闭感。

亲子厕所主要供父母和 0~3 岁的孩子一起使用，希望孩子在和家长一起上厕所的时候逐渐学会公共厕所的使用方法，为以后独立上厕所做准备。并且，为了引导、训练孩子独立上厕所的能力，"儿童厕所"里设计了大小尺寸不同的便器，方便不同年龄、身高的孩子使用。

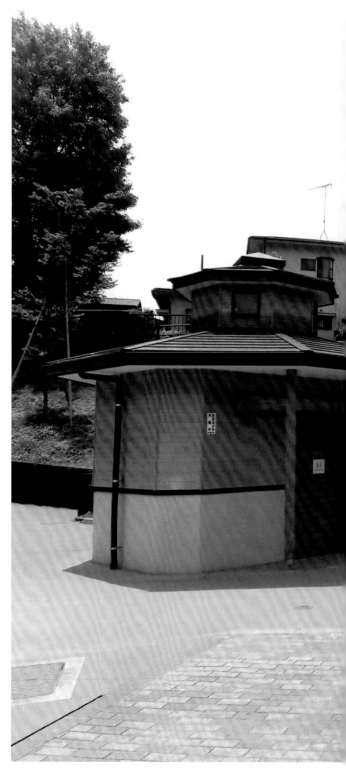

厕所外观

亲子厕所

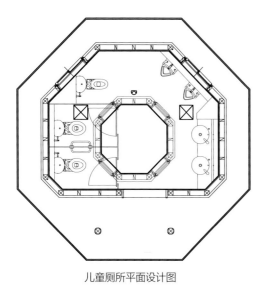

儿童厕所平面设计图

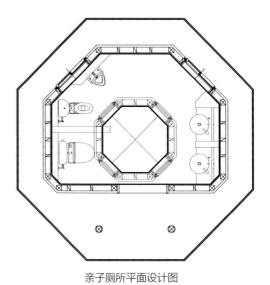

亲子厕所平面设计图

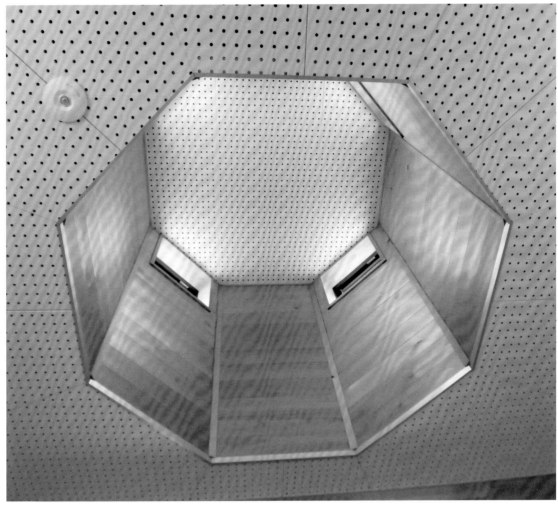

厕所内的天花板

厕所指示牌、信息展示板

🖎 设计要点

◉厕所设计成八边形，不用担心孩子们在玩耍跑动时被磕到。

◉厕所内部设计风格明亮、欢快，而且天花板非常高，天窗有效消除封闭感。

◉儿童厕所里设置尺寸不同的便器，可以帮助训练不同年龄段的孩子独立上厕所的能力。

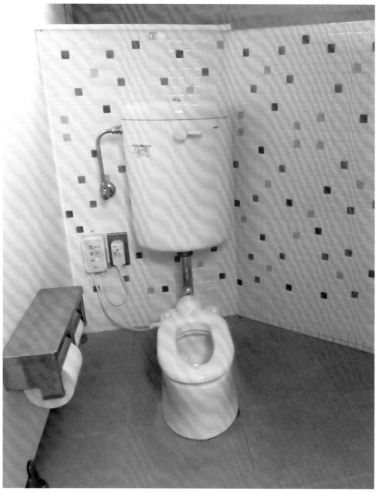

儿童厕所

亲子厕所

儿童厕所

亲子厕所

亲子厕所洗手台区域

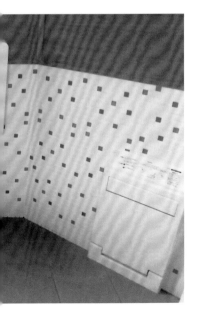

亲子厕所大人用便器

文艺风厕所

MOMENT KANDA 南口店
千代田区锻冶町 1-4-3 竹内大厦 1 层

面积：2 ㎡

设计师：家所亮二（家所亮二建筑设计事务所）
施工：奥利安公司
摄影：Mtstr Tskmt

设计理念

本案例位于神田，使用三得利的"音响"作为设计灵魂。这套"音响"不知道经过了多长时间，也不知道经过多少人的手工打磨才完成。厕所在一个酒吧里，而酒吧原有的设计理念是给人远离都市、日常生活的感觉，希望客人们能在酒吧里度过特别的时光。

虽说厕所要有厕所的样子，才更易于识别。但在本案例中如果按照一般设计，会毁了整个空间的氛围。厕所采用和酒吧融为一体的设计，无需特别强调。厕所内部设计成酒桶的样子，

厕所入口

客人进入后仍感觉在酒吧中，使用完还一直保持高涨的情绪。但有一点需要注意，厕所的酒桶造型如果和酒吧里的真酒桶一模一样，可能会让人产生不适感。因此，厕所整体粉刷白色的油漆，让人产生这原来是厕所的意识。

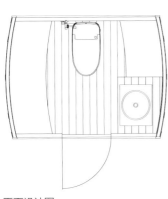

平面设计图

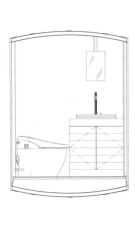

厕所内部

隔间内部

石头岛上的石头厕所

草壁港

香川县小豆郡小豆岛町草壁本町615-37

建筑面积：25.95 ㎡

使用面积：22.76 ㎡

（男厕9.39 ㎡、女厕7.69 ㎡、多功能5.68 ㎡）

模型：中山英之建筑设计事务所
结构：满田卫资构造规划研究所
设备：环境工程部门
照明：冈安泉照明设计事务所
模型：壶井工程事务所
化粪池：涉谷水道部局
摄影：中山英之建筑设计事务所
竣工日期：2016 年 8 月
运营：小豆岛街道办事处
策划项目：2016 年濑户内国际艺术节、小豆岛町未来计划
赞助：LIXIL 有限公司
花岗岩使用协助：木村新拌混凝土公司、田村石材公司
混凝土中的粗骨料、砂石均产自小豆岛

设计理念

本案例位于小豆岛草壁港渡轮码头。为配合濑户内国际艺术节的召开及民众对公厕的需求，当地决定在停车场建造文艺风格的厕所。本案例将所有的管道和墙壁都裸露在外，混凝土建筑结构与卫生设备的空间构成十分简单。唯有一处混凝土表面使用了小豆岛本地产的花岗岩做成粗骨料进行装饰。厕所整体是一个烟囱的造型，可以利用自然风进行换气，而且辨识度也非常高。高 5.8 m 的曲面屋顶也是混凝土的原始模样，可谓"石头岛上的石头厕所"。石头厕所与对面入港的轮船，形成一道风景线。混凝土曲面屋顶使用 ETFE（乙烯－四氟乙烯共聚物）膜进行铺贴，白天借助太阳扩散光照亮厕所，夜晚则成为港口的照明。

厕所建筑本身虽小，但从濑户内海眺望这个小岛时，给小岛的风景增添了新的景物细节，清爽简单的构造给港口的风景带来别样的韵味。

厕所外观

厕所外观

设计要点

●从东西向的侧面看过去，厕所就像一个拉伸变长的房子。南北两侧有屋檐，高的一侧是厕所入口，矮的一侧下方露出了各种管道，屋檐对管道起保护作用，延长它们的使用寿命。侧面墙壁使用小豆岛产的石材进行装饰，手感粗糙，很像岛上采石场上裸露的岩石肌理。

●装饰石材和混凝土里的粗骨料都以小豆岛产的花岗岩作为原料。东西侧外壁直接用清水混凝土浇灌而成，地上的铺路石也是当地的石头打碎后直接铺上。因为厕所施工，停车场沥青路面被挖开，后期也全部用同样的小豆岛产的骨材、砂石修补建造。如此一来，地面和建筑物更加统一。

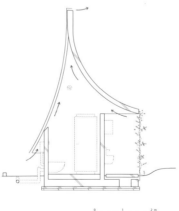

厕所剖面图及空气流动方向

指示牌

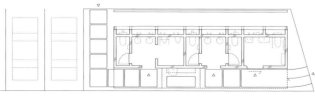

平面设计图

厕所入口处及厕所清洁工具，藤蔓可以爬上铁丝形成天然绿色屏障

男士厕所

▶ 设计要点

●厕所南侧入口处整齐排列着平时会特意藏起来的墩布池和清扫工具。让大家都有清理的意识，把公厕当成自己家的厕所一样，在使用的同时也能顺便打扫一下。除了清洁工具，还放了洒水壶和软管，人们可以给南面的植物浇水。等以后植物生长起来，爬上铁丝网会形成一道天然的绿色屏障。

●公共建筑不是"为大家服务的行政楼"。而是用我们自己的钱建造出来为自己的需求服务，所以一定要让大家产生爱护它的意识，自己动手维护。

追求原创性的厕所

ŌYANE
长崎县东彼杵郡波佐见町折敷濑乡 2204-4

面积：女厕 8.81 ㎡、男厕 9.44 ㎡

设计：原田圭（dodo）
指示牌：藤井北斗（hokkyok）
施工：小佐佐建设公司
摄影：太田拓实

设计理念

长崎县波佐见町是陶瓷器的产地，本案例位于
西海陶器的展览馆和商店。建筑的 1 层原来作
为仓库使用，再加上原来地下 1 层的商店，计
划改造成带咖啡馆的两层展览馆。建筑外部设
计了一个巨大的标志性屋顶，屋顶连接着建筑
主体的入口，仿佛在轻柔地召唤客人进来。建
筑内有陶器的展厅、商铺和工作间等。此外，
需要设计一个厕所供客人使用，并符合展览馆
的氛围。设计师利用工厂里陶器的废材、石料
和瓷器，设计出一个原创性十足的陶瓷厕所。
设计师将陶器制品陈列在厕所中，小便器、洗
面台、指示牌也都是瓷器制品。厕所空间非常
简洁，衬托出陶瓷制品的美感。除此之外，厕
所里还设置了许多天窗，完全不会给人闭塞的
感觉。

男士厕所入口

厕所外观

👆 设计要点

◉使用现成的陶瓷制品。
◉指示牌也使用原创陶瓷制品。
◉采用了外部光线和间接照明结合的采光方案。

男士厕所指示牌

女士厕所指示牌

男士厕所

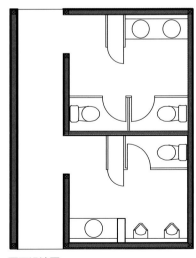

平面设计图

洗手台区域

与神社景观融为一体的厕所

春日大社
奈良县奈良市春日野町 160

面积：105.47 ㎡（男厕 36.45 ㎡、女厕 49.35 ㎡、多功能 6.6 ㎡、其他 13.07 ㎡）

结构：弥田俊男建筑设计事务所、城田设计公司
构造设计：Ono JAPAN 公司
设备设计：森村设计公司
施工：大林团队
摄影：Prize 公司山崎浩治、弥田俊男建筑设计事务所
指示牌：须山悠里（suyama design 公司）

厕所的屋檐一端

设计理念

春日大社自从公元 768 年建造完成以来，每隔 20 年都会进行一次盛大的祭年改建活动。2015 年、2016 年是第 60 次的祭年改建，借此机会，将原有的宝物殿改建为崭新的"春日大社国宝殿"。同时进行的还有春日大社境内、国宝殿周边的景观修整，厕所新建工作。

神社境内的厕所在外观上要和春日大社国宝殿风格一致，并且还要融入春日大社的整体氛围当中。厕所墙壁由钢筋混凝土建造，上方为木制人字形屋顶，看起来非常轻巧。为了让屋顶达到漂浮在神社绿色海洋中的效果，屋顶采用了没有檩条、木桁的处理方法，并且在大梁和混凝土墙壁的接续部分精心修饰。大梁和墙壁之间的空隙能让阳光射入厕所内部。透过顶部的空隙还能从厕所里看到神社茂密的树林。换气方面，新鲜空气从墙壁上部的空隙进入厕所，

男士厕所入口

再通过地下孔洞将浑浊的气体排出。灯光依靠设置在混凝土墙上端的间接照明。厕所天花板的设计十分利落，内装设计也非常简洁，没有复杂的设备、器械等。

从外面看，木造屋顶轻盈地漂浮在春日大社的绿树林中

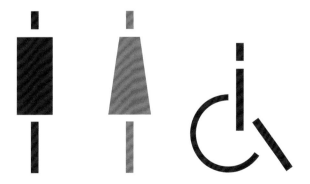

图案指示牌

☛ 设计要点

◉厕所和春日大社国宝殿风格一致，融入春日大社的整体环境。
◉木制屋顶轻盈地漂浮在春日大社的绿林中。
◉厕所内没有复杂的设备、器械，天花板也十分简洁。

▶ 通用性设计

★来春日大社参拜的游客来自世界各国，情况各不相同。因此，大社内的厕所设计需要考虑所有人群的使用需求，配备了可以推着婴儿车进入的厕所隔间，婴儿躺床、儿童座椅、ostomate 专用设备、挂衣板等，指示牌均使用 4 国语言介绍说明。

男士厕所

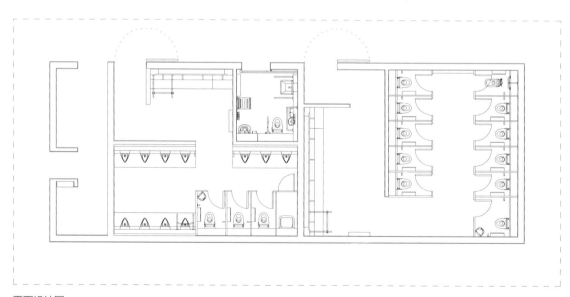

平面设计图

女士厕所内部

多功能厕所

女士厕所洗手台区域

镶满瓷砖的开放式厕所

多治见市火葬场、安宁的森林
岐阜县多治见市大薮町字上迫间洞 249 番地

大楼入口

面积: 40.59 ㎡ (男厕 17.77 ㎡ 、女厕 17.07 ㎡ 、多功能 5.75 ㎡)

设计: 久米·日比野设计联合公司
施工: 熊谷团队
摄影: TOTO

设计理念

本案例位于火葬场，气氛庄严，而且使用者年龄差距大，需要充分考虑通用性设计，重视细节。

除了设置多功能厕所之外，还要考虑带孩子的使用者，部分厕所隔间里设置了儿童座椅，女士厕所洗手台区域还设计了一个儿童专用小便器，方便带男孩上厕所的女士。

多治见市是日本瓷砖生产量第一的城市，建筑物本身为了体现该特点，使用了大量瓷砖进行铺贴。立体曲面屋顶使用瓦片和金属混合建造而成，是整个建筑物的亮点。内外的墙壁、地板、各种指示牌等都使用了形状各异的瓷砖，让厕所的使用者产生亲切感、认同感。

厕所也不例外，地板、墙壁、天花板都采用了马赛克瓷砖进行铺贴，表现颜色的渐变。同时为了和建筑物开放式屋顶的设计风格保持一致，厕所内部也采用高天花板和半封闭的墙壁，打造充满开放感的空间。

指示牌

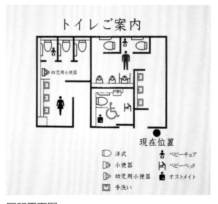

厕所平面图

男士厕所指示牌

厕所隔间指示牌

男士厕所

男士厕所隔间

隔间

男士厕所

洗手台区域

町屋风格的厕所

KITTE 名古屋，地下一层
爱知县名古屋市中村区名站一丁目
1 番 1 号

厕所入口

女士厕所

指示牌

男士厕所

面积：68.6 ㎡（女厕 33.2 ㎡、男厕 35.4 ㎡）

设计：日本设计有限公司
施工：竹中工务店

设计理念

该案例位于美食街，共 11 间个性十足的店铺，厕所整体设计与周边风格保持一致。

厕所入口的指示牌采用武士和穿着和服的女性作为设计形象。材料选用尾张地区的特产"有松扎染"，非常具有名古屋町屋（日本传统的连体式建筑，始于 17 世纪，木格子架结构）风情，突出地方特色。

厕所内部的墙面也参照了有名的海鼠壁（泥灰接缝，抹出凸棱的墙面），使用黑色瓷砖、黑色灰泥，设置乐烧传统工艺的洗手台，创造出一个有特色的日式厕所空间。

男、女厕所入口处的白色墙面上画着一个拿着烟管的男性和一个穿着和服的女性，当人们走出厕所时一定会注意到这两个醒目的图案。

为大众服务、让人安心的景区厕所

连雀町十字路口公共厕所
川越市连雀町 1 番地

面积：47.47 ㎡（女厕：14.35 ㎡、男厕 18.77 ㎡、多功能 10.23 ㎡、共用 4.12 ㎡）

设计：川越市
施工：小建公司

指示牌

设计理念

该地区进行过区域划分，规划决定将原来的公共厕所移至现在的位置。本案例是该地区功能性最高、设计最成功的厕所。

公共厕所设置在通往川越市观光人气最高的两个景点（藏造街和果子屋横丁）的路上。景点人多，在设计方面需要考虑到各类人群使用的便利性，比如带着孩子出行的游客、有身体障碍的游客等。因此，每个厕所隔间里都设置了婴儿固定椅。供 ostomate 人群使用的多功能厕所里，也配置了婴儿固定椅和儿童座椅。除此以外，还要确保每个多功能隔间足够宽敞，让坐轮椅的使用者也能够方便、快捷地使用厕所。值得一提的是，这里还设置了盲文指示牌，盲人使用者可以通过触摸了解厕所内部设施的情况，并且为了提高厕所内部的通风效果，还将厕所外壁的上半部分设计成挑空。

厕所外观

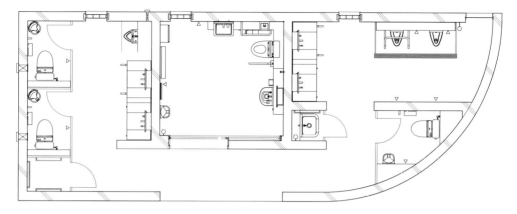

平面设计图

女士厕所指示牌

男士厕所指示牌

多功能厕所指示牌

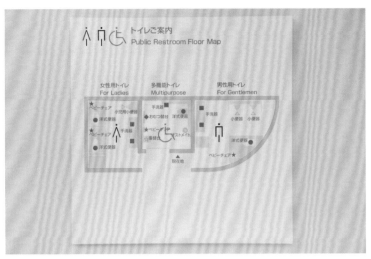

盲文指示牌

☞ 通用性设计

★本案例是川越市最先配置 ostomate 人群专用设备的公共厕所。厕所隔间的进深达到 2.89 m，比普通标准 2 m 多出近一半。宽敞的厕所隔间，能让坐轮椅的人群毫无障碍地使用厕所。

多功能厕所

厕所天花板

男士厕所洗手台区域

女士厕所洗手台区域

厕所隔间

男士厕所

能感受公园四季变化的厕所

南池袋公园设施
南池袋 2-21-1

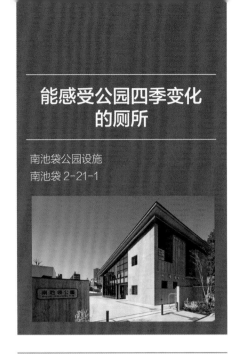

面积：29.47 ㎡（女厕 10.51 ㎡、男厕 13.20 ㎡、无性别厕所 5.76 ㎡）

设计：久间建筑设计事务所、Landscape Plus 有限公司
施工：松本建设有限公司
摄影：久间建筑设计事务所

设计理念

南池袋公园有着广阔的草坪，它的设计主题是"都市中的起居室"，被誉为市中心的绿洲。南池袋公园内设有 4 个职能场所：咖啡馆、公园管理事务所、流浪人员应对储备仓库以及公共厕所。进出公园的人群复杂，公共厕所使用者的情况也比较复杂，需要着重考虑耐久性、清洁性、管理维护、经济实用性、通用性等因素，还要兼顾美观性，和周围的现代建筑物、咖啡馆风格一致。综合考虑上述因素后，厕所采用简单明快的设计风格，整体颜色单一，地板和墙壁贴瓷砖，易于维护。同时洗手台区域采用了明亮宽大的洗手台，角落还设计了可放置花瓶的托盘，可以装饰四季不同的鲜花，很有"公园厕所"的感觉。

厕所入口处保留了混凝土原本的样子，毫无装饰的走廊门口设置了厕所指示牌。指示牌采用公园统一的设计样式，更具有整体感。同时，与咖啡馆签订了厕所维护管理合同，清扫、物品管理事宜都委托给咖啡馆的运营人员。

厕所标记

厕所入口

👉 通用性设计

★听取公园设计者和公园指示牌设计者的意见之后，厕所采用和公园整体风格一致的设计方案，颜色单一，识别度高，和公园的风景融为一体。

内部通道

⬛ 设计要点

●在狭小的空间里，下侧向内收起的洗手台能让整体空间显得更加宽敞，洗手台的光线非常明亮。

洗手台区域

男士厕所

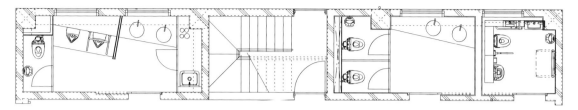

平面设计图

多功能厕所

第 3 章

华丽而时尚
的厕所空间

设施完备的商场厕所

东武百货商场池袋店 11~15 层
东京都丰岛区西池袋 1 丁目 1-25

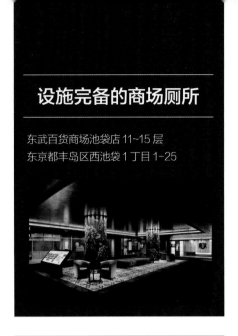

面积：11 层 63.8 ㎡ 、12 层 67.89 ㎡ 、13 层 67.93 ㎡、14 层 68.14 ㎡、15 层 83.06 ㎡ 、母婴休息室 43.13 ㎡

结构：梶建筑设计事务所、耕建筑设计事务所
室内设计：丹青社
设计指导：莲见淳一
设计师：吉田麻纪
照明：大光电机
指示牌：氏设计
陈列：Super Edison
施工：大林·东武谷内田建筑合资企业
摄影：Nacasa & Partners

设计理念

东武百货商场池袋店的餐饮街"Diningcity Spice"是东京都内百货商场里最大的餐饮中心，聚集了 46 家餐饮店。此次重新装修是为了让客人们能在这度过舒适的时光，需要综合考虑客人进餐中可能会遇到的各种情况，以及百货商场潮流、高端的定位。

每一层厕所的设计主题分别为：11 层"阳光露台"、12 层"轻松时光"、13 层"午茶时间"、14 层"神秘画室"、15 层"我的衣橱和图书馆"。按照每层楼不同的使用场景、使用人群对厕所进行相应的设计和设施配备。而且随着层数的增高，厕所的豪华等级也逐渐增加。特别是最顶层的厕所，整个空间非常奢华，配有豪华的休息室、化妆室和枝形吊灯等，看起来就像酒店的大堂一样，既高级又有质感，完全超越了普通商场厕所给人的印象。

15 层女士厕所洗手台、化妆间区域

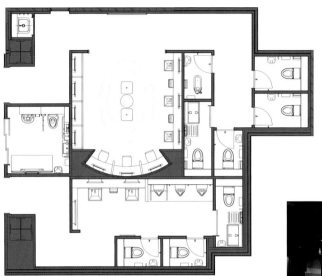

15 层厕所平面图

通用性设计

★每一楼层的厕所都要尽量多地设置隔间。洗手间的入口位置要综合男女顾客的数量和商铺设计风格，使男女客人都能方便地找到、轻松地进出。洗手间内部的空间设计风格和各层的主题一致，打造高级质感。在常有高龄人群和带孩子的客人光顾的楼层，厕所隔间内配备婴儿固定座椅，保障功能配置的完善性，方便顾客使用。

15 层厕所入口

15 层男士厕所

14 层女士厕所化妆间区域

12 层男士厕所

13 层女士厕所洗手台、化妆间区域

设计要点

◉女性在用餐后可能需要补妆，因此每层洗手间都设置了宽敞的化妆区域。

◉男士厕所也配置了宽大的镜子和供客人整理衣服的区域。

◉根据每层餐厅的使用场景来确定洗手间不同的设计风格。多进行日常用餐的楼层，洗手间设计成轻松简洁的风格；多举行聚餐的楼层，洗手间则设计成奢华的格调。洗手间设计风格首先要从使用者的视角出发、思考，然后再着手进行设计。

11 层女士厕所

13 层男士厕所

11 层母婴休息室入口

11 层母婴休息室内部

锋利

伊势丹新宿店本馆 2 层与 3 层中间
东京都新宿区新宿 3-14-1

面积：67.2 ㎡

规划：三越伊势丹不动产设计公司
布局：清水建设有限公司
结构设计：丹下都市建筑设计事务所
室内设计：GLAMOROUS
施工：清水建设有限公司
摄影：Nacasa & Partners

女士厕所化妆间区域

设计理念

本案例设置在大楼 2 层和 3 层的中间位置，化妆间的使用人数最多。化妆间设计同时参考上下两个楼层的风格，设计更具统一性。整栋楼一共有 8 个风格各异的化妆间，给使用者带来完全不同的体验。8 个化妆间不仅导入上下楼层的设计风格，而且具有独立的特色，更受客人的喜爱。如此一来，还能将顾客分流，缓解低楼层化妆间人群拥挤的情况。

各层化妆间入口处都设置了热销商品的展示橱窗，而且展示商品会随着季节变化而改变。当客人们离开购物主动线前往角落的厕所位置时，也可以通过这种宣传手段对他们进行引导、召回。

女士化妆间内还安装了一种名为"KooNe"的高品质音响。根据季节播放相应的音乐，让客人在自然的音乐声中更加愉悦地使用化妆间。

该厕所的主题是"锋利"。厕所里造型独特的镜子和悬吊灯彰显出强烈的设计感，现代感十足。

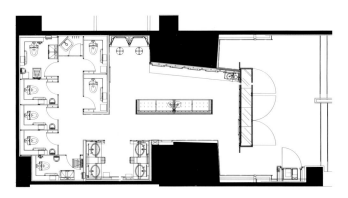

平面设计图

女士厕所洗手台区域

女士厕所休息区及化妆间区域

女士厕所隔间

☞ 通用性设计

★厕所隔间门口设计了内部指示牌。指示牌印有形象图案和文字说明，让所有人都能快速了解隔间内配备的设施。

★隔间内每一样设施的摆放细节都经过仔细研究、推敲。例如挂钩的高度、卷纸的安装位置、各种按钮的位置等。总之设计的目的是方便所有人的使用。

女士厕所隔间指示牌

女士厕所隔间

■ 设计要点

● 每层厕所内都悬挂了具有楼层象征意义的枝形吊灯，营造化妆间的美学氛围。

● 女士化妆间摆放着松软舒服的沙发，化妆台上还使用了独特的三面镜。为女性创造出奖励自己、放松自己和重振精神的美丽新世界。

女士化妆间

旬，
感受真实的东京

伊势丹新宿店本馆 2 层
东京都新宿区新宿 3-14-1

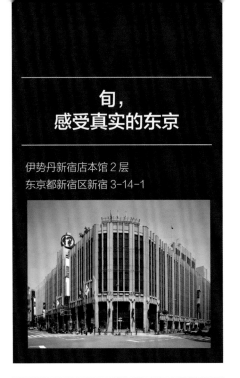

面积：90.6 ㎡（包含多功能厕所）

规划：三越伊势丹不动产设计有限公司
布局：清水建设有限公司
结构设计：丹下都市建筑设计事务所
室内设计：GLAMOROUS
施工：清水建设有限公司

设计理念

伊势丹新宿店在 2013 年和 2015 年对女装楼层、大厅和儿童楼层进行了装修。重新装修的主要目的是满足不同类型顾客的心理，创建出更符合顾客实际需求的购物环境。

各个楼层的设计理念都引入厕所和化妆间的设计中。让客人在化妆间内重振精神，继续开心愉快地购物。

女士厕所化妆间区域

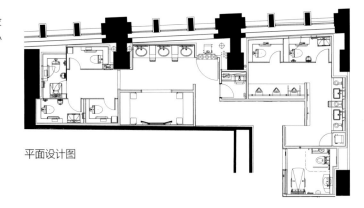

平面设计图

女士厕所洗手台区域

多功能厕所

男士厕所洗手台区域

与店名一致的金属感厕所

铁神居酒屋
爱知县刈谷市相生町 2-10-5
刈谷市 ZHOYA BLDG 6 层

面积：4.46 ㎡（男厕 2.21 ㎡，女厕 2.25 ㎡）

设计：Core design、KazuyaKwashima
施工：yoshikkusu
摄影：Nacasa & Partners

设计理念

店内整体设计都为强调同一个主题，而这个主题来自店名"铁神"中的"铁"字。厕所内的设计全部采用金色和银色来表现。

厕所的地板、墙壁、天花板、设备采用同一种颜色。其中，便器本身的着色是最大的难题。如果在陶器表面进行上色，颜色易剥落，经过多次失败，最终找到一家能用金属粉末进行涂装的公司，才成功在便器上着色。

着色后经过多道工序打磨，才让便器呈现出这种光泽感。厕所建成后给人超乎想象的冲击力。每个进入厕所的人都会忍不住惊呼"太棒了！"。这些赞叹无疑是对设计师们最好的回馈。

📣 设计要点

- ●颜色统一，完全不使用其他颜色。
- ●采用客人无法想象的表现方法和配色。

男士厕所

女士厕所

入口前的装饰

红色与蓝色

面积：男厕 38.68 ㎡

设计：大阪屋贸易有限公司
施工：三荣建设有限公司
摄影：心斋桥 BIGSTEP

设计理念

这是一个全屋贴满镜子，如同迷宫一样的厕所。入口处柔和的曲线造型，会让人产生视觉错觉。入口通道的设计可以遮挡来自外部的视线，保障私密性。

厕所通道设有婴儿尿布台，隔间内也配备了儿童座椅，无论父亲、母亲都可以放心地带着孩子一块上厕所。

洗手池上方的镜子和大楼 2 层、B1 层的女士厕所设计风格相同，采用水滴造型。而且，男士厕所也同样配有大量的镜子，绝对称得上是独一无二的男士厕所。

男士厕所

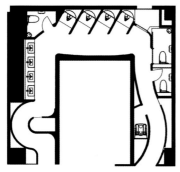

平面设计图

入口标识

厕所入口

洗手台区域

厕所通道

人数多、需求广、使用频率高的舒适厕所

小田急电气铁道新宿西口地下
东京都新宿区西新宿 1-1-3 地下

面积：62 ㎡

设计：贡多拉设计事务所

设计理念

本案例要解决的问题是：如何让人流量大、人群类型多样、使用频率高的厕所更加舒适。

小田急西口地下的厕所经常排很长的队伍，有安全隐患。此外，还存在多功能厕所过于狭小、厕所管理等问题。

厕所经过改造解决了上述问题，而且使厕所空间显得更加宽敞。设计方案充分考虑各类人群的使用需求，展现出小田急对顾客的体贴之处。

小便器前面的墙壁有少许弧度，隔间背面贴有彩色玻璃，使厕所更显宽敞、清爽。因为经常有排队的情况，所以特意划出排队的空间，避免拥堵。同时完善洗手台和化妆间区域的设施。改造后的厕所更加干净整洁。

厕所入口

女士厕所洗手台、化妆间区域

女士厕所

男士厕所

男士厕所

"日本的玄关"
极具设计感的厕所1:
到达厅

成田国际机场第2航站楼到达厅
千叶县成田市古迈字古迈1-1

面积: 183 ㎡

设计: 贡多拉设计事务所
施工: 大成建设有限公司
摄影: 成田国际机场

设计理念

为了迎接2020年东京奥运会、残奥会,同时也为了今后能接待更多的来宾,成田国际机场将航站楼内所有的厕所都进行了整修,加强通用性方面的设计。厕所内新增语音引导、闪光信号灯、L形扶手等装置。第1、第2航站楼内的厕所经过整修焕然一新。

位于机场主要动线上、使用人数众多的厕所是本次重点整修的对象,非常注重它们的"设计感"。整修后,厕所隔间更加宽敞,客人可以带着行李进入隔间。同时,还配备了多功能厕所才有的专用设备和使用方便的化妆间区域,极大地提高了机场客人使用的便捷性和舒适性。

👉 设计要点

- ◉着陆后,机场到达厅是首先迎接旅客的地方。为了符合迎宾的氛围,厕所设计风格华丽而富有韵味。
- ◉为缓解厕所排队拥挤的情况,调整了厕所隔间布局,让使用者可以快速找到空的隔间。
- ◉增加各类引导标志,方便身体不便的旅客使用。

女士厕所

厕所入口

女士厕所隔间

男士厕所隔间

男士厕所

多功能厕所入口

多功能厕所

儿童厕所

☞ 通用性设计

★有些多功能厕所的使用者需要异性亲友的陪同。为此，多功能厕所的入口和男、女厕所的入口设置在不同的位置。而且配备了两间布局对称的多功能厕所，分别方便左侧或右侧身体有残疾的客人使用。近年，使用电动轮椅的人越来越多，需加大多功能隔间的宽度，确保有直径 1800mm 的圆形空间供轮椅回旋。

★此外，通常只在多功能厕所里才会配置的 ostomate 专用设备、婴儿尿布台、换衣板等设施在这里的普通厕所里也有配备。如此一来，使用者可以根据自身需要选择使用多功能厕所或者普通厕所，可减少多功能厕所排队拥挤的情况发生。

★此外，为了方便带着行李箱的乘客，机场的所有厕所隔间都比普通隔间更宽敞，甚至设有可以直接推着行李车进入的隔间。

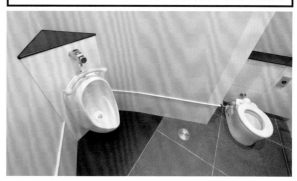

儿童厕所

可以推着行李车进入的宽敞隔间

"日本的玄关"
极具设计感的厕所 2:
免税店区域

成田国际机场第 2 航站楼主楼 3 层免税店区域
千叶县成田市古込字古込 1-1

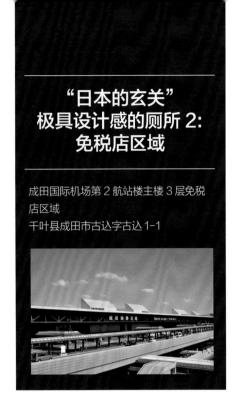

面积: 113 ㎡

设计: 贡多拉设计事务所
施工: 大成建设有限公司
摄影: 成田国际机场

⛏ 设计要点

> ●免税店区域的厕所是按照名牌商店的设计标准来建造的,对品质、设计要求非常高。
> ●为了缓解厕所排队拥挤的情况,调整了厕所隔间的布局,让人一眼就看出哪些隔间是空闲的,提高每个人上厕所的效率。
> ●增加各类引导标志,加强对身体不便的客人进行指引。

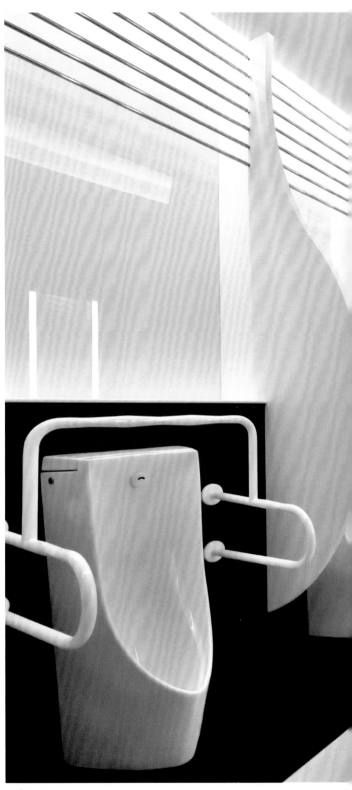

男士厕所

厕所入口

女士厕所

多功能厕所

男士厕所

男士厕所

"日本的玄关"
极具设计感的厕所3：
卫星厅

成田国际机场第2航站楼 卫星厅3层
千叶县成田市古込字古込1-1

面积：186 ㎡

设计：贡多拉设计事务所
施工：大成建设有限公司
摄影：成田国际机场

厕所入口、休息区

女士厕所、多功能厕所的入口

男士厕所、多功能厕所的入口

女士厕所

男士厕所

多功能厕所

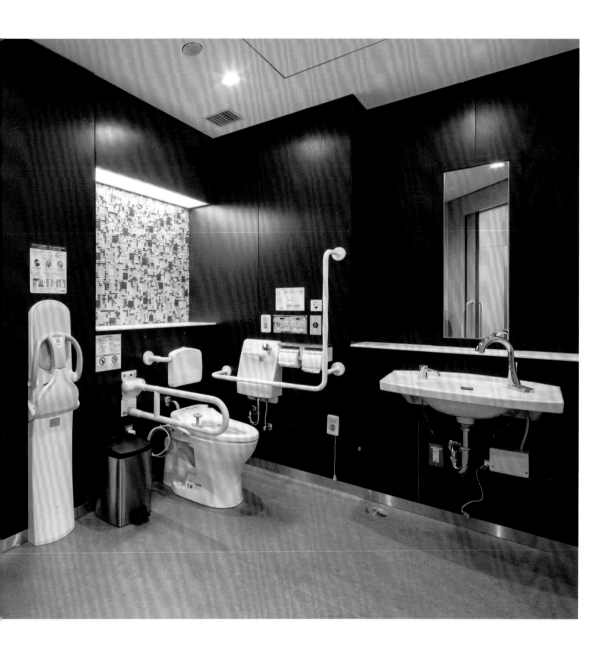

如复古咖啡馆一般的厕所

大阪市营地铁长堀鹤见绿地线心斋桥站
大阪府大阪市中央区心斋桥附近 1-8-16

面积：97.4 ㎡（女厕 43.8 ㎡、男厕
41.6 ㎡、多功能 12 ㎡）

设计：大阪市营地铁建筑部
施工：Mesh 有限公司
摄影：大阪市营地铁、LIXIL 有限公司

设计理念

心斋桥站作为御堂筋线和长堀鹤见绿地
线的换乘站，以"夕阳下的心斋桥"为
建设理念，将过去架设在长堀河上的心
斋桥作为车站设计主题。

车站厕所改造也承袭了这一设计理念，
旨在让心斋桥站的乘客在使用厕所的过
程中也拥有放松的好心情。

车站周边是国外的高级品牌店，而且车
站还连接着大型百货商场，消费者多为
有经济实力的成年人。针对这类人群，
再结合车站内部的整体设计风格，最后
设计为如复古咖啡馆一般的厕所。设计
融合经典与现代，营造出使人沉稳、安
定的空间。

厕所入口

●厕所入口前的大厅还沿袭
了车站建设之初的设计理
念：夕阳下的心斋桥。大厅
的空间非常宽敞，乘客可以
一边等待同伴，一边欣赏夕
阳美景。

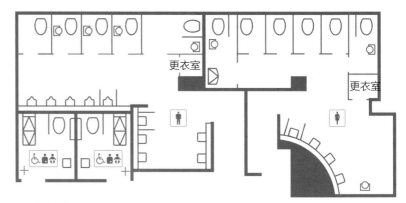

更衣室

更衣室

平面设计图

多功能厕所

形象图案指示牌

👉 通用性设计

★一般情况下，普通厕所重视设计，而多功能厕所重视功能。但车站内的多功能厕所和普通厕所一样，采用了同样的内装设计，空间氛围稳重、沉静。而且普通厕所里也配置了供ostomate人群使用的设备，扩大多功能设备的服务范围。

儿童座椅	婴儿尿布台	Ostomate	衣服整理板	加大加宽的隔间
				広々ブース 補助便座付

小型轮椅	禁烟	试衣间

厕所隔间指示牌

男士厕所洗手台区域

男士厕所

男士厕所隔间

女士厕所洗手台区域

女士厕所化妆间区域

设计要点

●为使空间氛围稳重而宁静，整体采用现代而富有韵味的色彩搭配。同时，为彰显高级感，在一些重点区域使用玻璃和木质素材进行装饰。

●窗户形状的镜子旁边设置了照明设备，突显高级感。

多功能厕所

高雅又舒适的厕所空间

新明神高速公路宝冢北服务区
兵库县宝冢市玉濑字奥之烧 1-125

面积：1044 ㎡（男厕 180 ㎡、女厕 426 ㎡、
家庭式 20 ㎡、婴儿专用 18 ㎡、多功能 16 ㎡、
仓库 34 ㎡、其他公共部分 350 ㎡）

设计：西日本高速公路设备公司
施工：Nobakku
摄影：西日本高速公路、AICA 工业公司

设计理念

宝冢北服务区设在有"歌剧之街"之称的宝冢
市，整体设计风格参照宝冢市中心的南欧风街
道设计，以"宝冢现代风"为设计主题。厕所
入口紧挨店铺，内部装饰十分高雅，符合宝冢
市的定位，让人心情愉悦。

厕所采用全景式设计，空的隔间一目了然。特
别是在人群拥挤的上厕所高峰期，寻找可使用
隔间的时间大大减少，旨在为使用者提供更方
便、更快捷的服务。

服务区每日接待大量的顾客，为方便使用者在
人群拥挤的时候等待同伴，在厕所的前方设计
了道路信息展示区，在这里不仅可以获取道路
相关信息，还可以等候同伴，一举两得。

🖝 设计要点

⊙厕所隔间和像小岛一样的洗手台都以木头
作为主要材料，显得既高级又稳重。再搭配
枝形吊灯，使整个厕所空间氛围十分优雅。
⊙女士化妆间区域设在单独的位置，以洁净
的白色作为基础色，再搭配复古的红色，十
分典雅。

女士厕所

等候区域

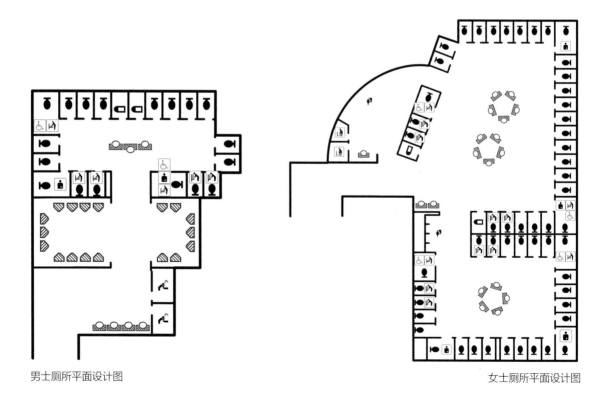

男士厕所平面设计图

女士厕所平面设计图

女士厕所更衣室

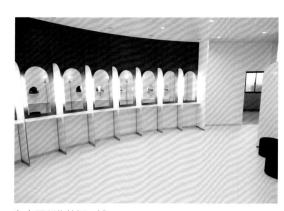

女士厕所化妆间区域

女士厕所化妆间区域

男士厕所

男士厕所

家庭式厕所

婴儿专用区域

🛒 通用性设计

★服务区内最大的厕所除了原来的多功能厕所之外，又增加了家庭式厕所和婴儿专用区域，旨在满足各类人群的使用需求。

世界最新潮

伊势丹新宿店本馆3层
东京都新宿区新宿 3-14-1

面积：90.6 ㎡（包含多功能厕所）

规划：三越伊势丹不动产设计公司
布局：清水建设有限公司
结构设计：丹下都市建筑设计事务所
室内设计：GLAMOROUS
施工：清水建设有限公司

👉 通用性设计

★ 3 层的女士化妆间内配置了供坐轮椅的客人使用的厕所隔间。同时为了让坐轮椅的客人也能像普通人一样使用化妆间，精心设计了洗手池、化妆台的高度和厕所内部通道的宽度等。商场里每一层都配置了类似的多功能化妆间，并且为了满足不同客人的使用需求，多功能化妆间内部设施根据楼层左右变化（一层方便左侧障碍人群使用，下一层则为右侧障碍人群考虑）。此外，隔间内还配备了多功能床、柔软的坐便器等专用设备。

厕所入口

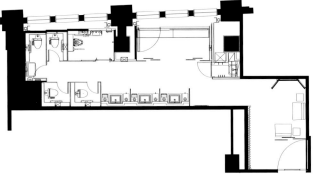

平面设计图

化妆间内部

女士厕所化妆间区域

女士厕所洗手台

女士厕所

女士厕所

厕所隔间指示牌

女士多功能厕所隔间

放松

伊势丹新宿店本馆 4 层、5 层
东京都新宿区新宿 3-14-1

面积：67.2 ㎡

规划：三越伊势丹不动产设计公司
布局：清水建设有限公司
结构设计：丹下都市建筑设计事务所
室内设计：GLAMOROUS
施工：清水建设有限公司
摄影：Nacasa & Partners

设计理念

4层、5层的主题是"放松"，采用传统装饰线条，整体空间氛围沉稳而平静。沙发上方的长灯搭配白色皮革灯罩，照明效果十分柔和。

女士厕所化妆间区域

女士厕所洗手台区域

女士厕所隔间

女士厕所化妆间区域

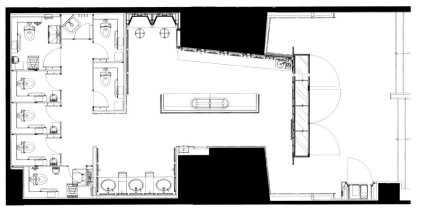

平面设计图

通用性设计典范，任何人都能安心舒适地使用

JR 九州佐贺站
佐贺县佐贺市车站前中央 1-11-10

面积：77.7 ㎡

设计：JR 九州咨询顾问公司
施工：九铁建设有限公司
摄影：九铁建设有限公司

设计理念

JR 九州佐贺站是佐贺市的"玄关口"，车站厕所每天都需要接待大量客人。在佐贺县佐贺市和 LIXIL 有限公司的协助下，对车站厕所进行了改造，大大提高了通用性，可以说是通用性方面设计的典范，成为一个让任何人都感到安心、舒适的厕所。

男士、女士厕所内的所有隔间都设置了婴儿固定椅。除此之外，简易多功能厕所隔间内也配备了婴儿躺台。男性、女性都可以安心地带着孩子一起上厕所。而且，考虑到带小男孩上厕所的女性，女士厕所内的洗手台区域角落上设有幼儿专用小便器。

为了符合都市玄关的定位，让人们感受到佐贺市的热情，厕所内部装修十分有格调。厕所空间以白色为基调，天花板和墙壁都是白色，地板采用简洁的木材进行铺贴。女士厕所的墙壁上方贴有树叶形状的壁纸，化妆间区域还使用了高低不同的柜子、镜子，使整个空间更有意趣和律动感。同时较矮的柜子和镜子也更方便乘坐轮椅的人士和儿童使用。

厕所入口

男士多功能厕所

女士厕所化妆间区域

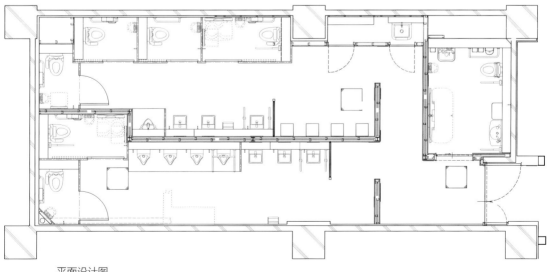

平面设计图

女士厕所

女士厕所

男士多功能厕所

男士厕所

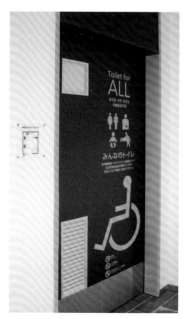

多功能厕所入口

多功能厕所

调色间

Marronnier Gate 购物中心银座2，
B1层
中央区银座 3-2-1

面积：17.3 ㎡（女厕 7.2 ㎡、男厕 10.1 ㎡）

设计：Marronnier Gate 购物中心
施工：设计艺术中心

设计理念

地下1层的男、女厕所采用灰色作为基础色，同时使用粉红和薰衣草紫等亮丽的颜色进行搭配，营造出一个充满童心的趣味空间。地下1层销售鞋子和化妆品，人流量较大，所以将厕所设计成氛围轻松，能让人眼前一亮，恢复精神的空间。

男士厕所

厕所入口

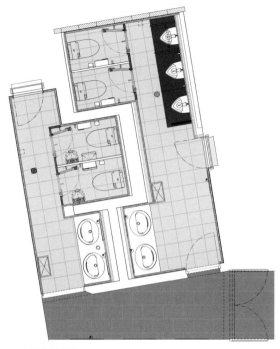

平面设计图

男士厕所入口

男士厕所

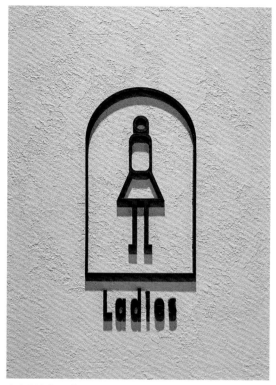

女士厕所指示牌

女士厕所

女士厕所

女性专属的甜美空间

三井购物天堂 LaLaport 立川立飞店
2 层
立川市泉町 935-1

面积：62.18 ㎡

设计：清水建设有限公司
施工：清水建设有限公司

设计理念

本案例的设计灵感为当地的高空和绿地。2 层女士厕所的设计主题为"女性专属的甜美空间"。该厕所大面积使用马赛克瓷砖铺贴，极具设计感。

为满足顾客要求，特意设置了能推着婴儿车同时进入的超大隔间。除此之外，还配备了带婴儿固定椅的隔间，在大人用的洗手池旁边配置儿童洗手池等，从细节上为育儿的女性考虑，让她们感受到商场的温馨。

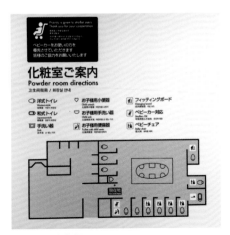

厕所内部分布图

女士厕所

196

可以推着婴儿车进入的隔间、儿童厕所，现在最里面的休息室已经改造成了婴儿尿布替换室

配置了婴儿固定椅的隔间

配置了儿童换衣板的隔间

蹲坑式隔间

儿童洗手池

采用最先进技术、如天空之境的厕所

AEON MALL 购物中心常滑店
爱知县常滑市临空町 2-20-3

面积：1 层 110 ㎡、2 层 124.5 ㎡

设计：丹羽浩之（VOID）
施工：大本团队
摄影：堀宏

设计理念

本案例位于爱知县常滑市中部国际机场附近的 AEON MALL 购物中心。2 层除了男、女厕所外，还设置了多功能厕所、儿童厕所和母婴室。设计理念各不相同。

2 层厕所的设计主题是"向世界展示最高规格的招待"。从常滑市的自然风貌中提炼出"大地""大海""天空"三点作为设计关键，通过瓷砖的颜色、材质、形状等来表现。本案例采用 LIXIL 最先进的厕所技术，表现高品质、高规格招待的感觉，每处细节都经过仔细打磨，最终营造出极具奢华感的厕所空间。女士厕所使用大量椭圆和曲线的设计，能给人更加柔和的印象。椭圆形吊顶描绘出蓝天的样子，间接照明柔和的灯光如同透过云朵间隙照射进来。与女士厕所相反，男士厕所则多用正方形、锐角和直线来表现，给人硬朗的感觉。瓷砖也以黑色、深色为主，营造出充满力量的厕所空间。

1 层厕所的设计主题是"近未来·高科技"。采用大量的瓷砖和玻璃，打造突显透明感和光泽度的简洁空间。在保障使用者隐私的前提下，将厕所设计为半开放性区域，用玻璃和聚碳酸酯材料构筑时尚空间。

2 层女士厕所洗手台区域

2 层女士厕所洗手台区域

2 层男士厕所隔间

2 层男士厕所

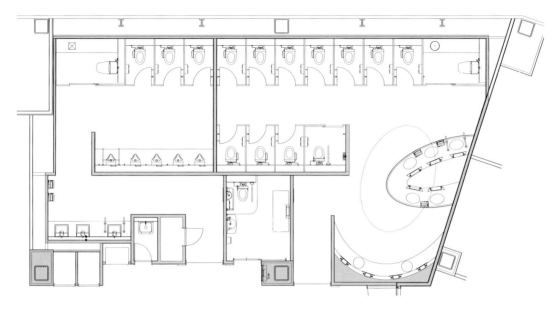

2层平面设计图

2层儿童厕所

1层厕所入口

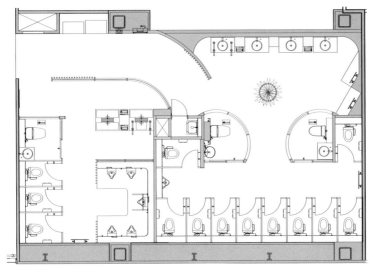

1层平面设计图

1层女士厕所洗手台、化妆间区域

试衣间

Marronnier Gate 购物中心银座 2，
2 层
中央区银座 3-2-1

面积：女厕 23.2 ㎡

设计：Marronnier Gate
施工：设计艺术中心

设计理念

本案例的设计理念是：让女性欣赏自己，旨在营造出让职业女性感到舒适、兴奋的购物环境。厕所设计以白色为基调，空间明亮而整洁，能够激发女性特有的感性情感。厕所内部设置化妆间和试衣间，让人感觉如同置身试衣间一般。

女士厕所洗手台、化妆间区域

厕所入口

女士厕所

女士厕所指示牌

试衣间区域

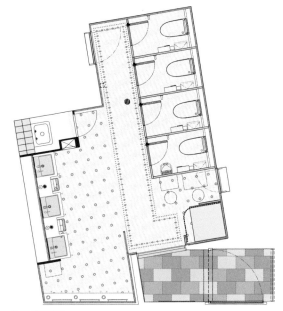

平面设计图

女士厕所

上班族钟爱的厕所

JP tower 名古屋 13 层
爱知县名古屋市中村区名站一丁目 1
番 1 号

面积：84.2 ㎡（女厕 35.1 ㎡、男厕 49.1 ㎡）

设计：日本设计有限公司
施工：竹中工务店

设计理念

JP tower 名古屋 13 层设置了辅助办公的区域"四季"，该楼层设计主题是"树上的绿洲"。厕所设计贴合主题，能让人感受到"树木""绿色""四季"。

墙面使用玻璃质感的马赛克瓷砖铺贴，封入绿色植物的亚克力方砖点缀，空间设计不仅重点突出，而且季节感强。在灯光的映照之下，墙面看起来如同从树叶上掉落的水滴一般，意境十足。

更特别的是，女士厕所里的化妆间区域使用了有机应急照明（Emergency lighting）设备。在上班时间段（上午 8 时至下午 5 时），灯光是接近于太阳光的"自然光模式"，除此之外的时间，自动切换成类似于餐饮店霓虹灯的"下班模式"，非常符合上班族的使用需求。

女士厕所化妆间区域

男士厕所洗手台

女士厕所

男士厕所

乐团

伊势丹新宿店，本馆地下 1 层、1 层
东京都新宿区新宿 3-14-1

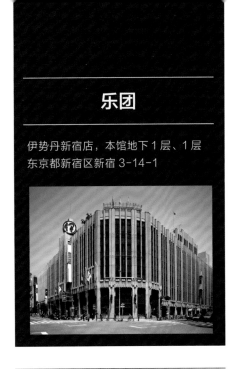

面积：67.2 ㎡

规划：三越伊势丹不动产设计公司
布局：清水建设有限公司
结构设计：丹下都市建筑设计事务所
室内设计：GLAMOROUS
施工：清水建设有限公司
摄影：Nacasa & Partners

设计理念

地下 1 层、1 层的主题是"乐团"。马赛克铺
贴的墙壁上安装线条柔和的镜子，而且还有很
多和食物相关的装饰，这些不同类型的素材组
合在一起，十分美妙。

👉 设计要点

> ●每层厕所内都悬挂了具有楼层象征意义
> 的枝形吊灯，更有助于表达化妆间的美学
> 观点。

女士厕所

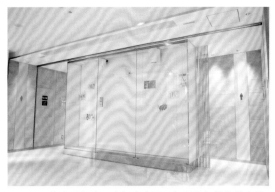

厕所入口的商品橱窗：在橱窗中展示每季最新的热销商品

女士厕所

女士厕所隔间

女士厕所洗手台区域

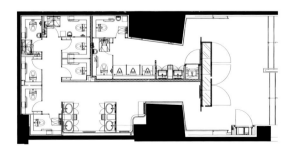

平面设计图

男士厕所洗手台

洗手台上方的照明

男士厕所

改变车站整体印象的厕所

京阪电气铁道出町柳站
京都市左京区贺茂大桥东

面积：137.5 ㎡

设计：贡多拉设计事务所

设计理念

本案例位于京都市中心街道东北部的京阪电车的终点站。车站的乘客除了一般的上班族和学生之外，还有大量去往鞍马、贵船、比睿山方向的游客，而出町柳是去往这些目的地的起点站。车站上方是风光明媚的鸭川，岸边树龄悠久的柳树风姿摇曳。出町柳车站大厅采用富有光泽感的面砖铺贴，简洁大气。面砖从检票口开始，沿着细长的通道一直贴到厕所入口，起到指引线的作用，使乘客放心使用。重新装修后指引更明确，人群涌动的车站大厅更舒适，车站整体印象更清爽。

厕所入口处是一面弧形墙壁，由 3 种 30 cm宽的彩色玻璃交替铺贴而成，呈现出鸭川波光粼粼的景象。男士厕所小便池区域、女士厕所化妆间区域也采用车站大厅和通道指引的同款瓷砖，更具有整体感。考虑到厕所隔间、洗手池、化妆间排队等候的情况，为使动线更加顺畅、通道更宽敞，采用无视线死角的布局。作为车站公共厕所，如何维护也是一个非常重要的课题。在使用易打扫建材的基础上还要兼顾设计性，经过反复研究选用了现在这个方案。

厕所入口、休息区

厕所入口

男士厕所

女士厕所

女士厕所洗手台、化妆间区域

在喧闹中独自安静的厕所

小田急电力铁道新宿西口地下
东京都新宿区西新宿 1-1-3 地下

面积：174 ㎡

设计：贡多拉设计事务所

厕所入口

设计理念

每日接待 50 万人次的小田急线新宿站，从始发车到末班车，总是行人匆匆。近年来，车站除了交通枢纽外，还增加了购物、餐饮、信息服务等职能。对于喧闹的新宿站，乘客需求如下：首先，能顺畅地移动、搭乘电车；其次，空间氛围平静，让人放松；最后，使用便利。

所以，车站内厕所的设计理念定为：在喧闹中营造一个安静的空间。让旅客在新宿站使用完厕所后，一直到小田急沿线的其他车站甚至直到终点站，都能保持安宁。

厕所的设计理念梳理成如下几条：

1. 让人感到宁静且具备多功能性。采用曲面墙壁，模拟自然界的光线、绿植，使用更有自然感的建材。

2. 解决现有问题。空间过于狭小、排队过长、设备老化严重等。

3. 厕所的易维护性。以上两个设计要点须充分考虑维护的必要性。

如果将厕所入口设置在车站大厅，那么人们通常是急急忙忙地进入厕所。经过改造，大厅和厕所之间设计了一个小广场，人们经过广场之后才能看到厕所入口，这样能将厕所从车站嘈杂的环境中分离出来，营造平稳、恬静的空间氛围。

女士厕所

男士厕所

厕所入口

女士厕所化妆间区域

可供一家人使用的亲子厕所

横滨优未来小儿齿科、矫正齿科
横滨市神奈川区荣町 17-2
港口附近的樱花大厦 3 层

面积：8.6 ㎡（亲子厕所、普通厕所、洗手池）

设计：平冈建筑设计公司
设计师：平冈孝启、平冈美香、沟渊弘章
施工：esu2 有限公司
摄影：Nacasa & Partners
照明：阪东英辅

设计理念

本案例位于擅长小儿牙科的诊所。穿过拱门就是可以供一家人同时使用的亲子厕所。配置了婴儿扶手、婴儿座椅、儿童专用便器、洗手池和母婴室。以明亮的白色为基调，并用蓝色马赛克瓷砖描绘出横滨的海洋和天空的感觉。吊顶上安装照明，朝上的间接照明光线使天花板显得更高。总而言之，这是一个功能齐全、让人舒适的厕所空间，让人感受到医院良好的服务宗旨。

厕所内部

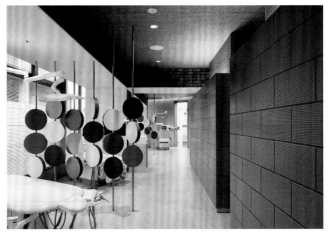

医疗器械和室内装饰

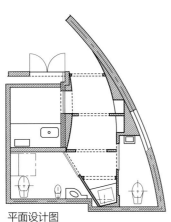

平面设计图

厕所入口

第 4 章

主题厕所与
儿童厕所

摩天轮

HEP FIVE 购物中心
大阪府大阪市北区角田町 5-15

面积：3 层 68.05 ㎡（女厕 38.55 ㎡、化妆间 24.51 ㎡、多功能 4.99 ㎡），6 层 68.42 ㎡（女厕 39.16 ㎡、男厕 24.27 ㎡、亲子 4.99 ㎡）

设计：乃村工艺社
施工：乃村工艺社
摄影：下村摄影事务所

设计理念

为建造引领梅田时尚的"HEP FIVE"购物中心的代表性空间，本案例使用 HEP FIVE 的经典红色，设计大胆、前卫。

为延续购物的乐趣和激情，厕所空间使用大面积红色。为让顾客一进入化妆间区域就感受到强烈的冲击力，使用斜线划分色块。镜子周围采用轮廓照明，让女士们在化妆时看得更清楚，而且使空间更有层次感。墙面装有边框和霓虹灯，极具时尚气息，在自拍的镜头下更加美丽。

为了让顾客更快地找到厕所入口，将指示牌与霓虹灯结合，并采用了个性创意图案，大大提高了指示牌的识别度。

厕所入口指示牌

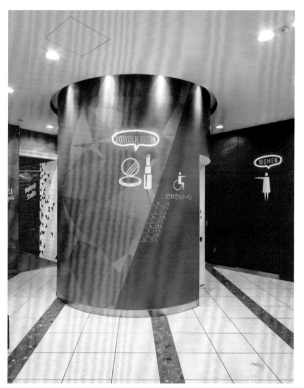

厕所入口指示牌

TOILET

MEN

WOMEN

だれでもトイレ

FAMILY

POWDER ROOM

NURSING ROOM

だれでもトイレ

指示牌图案

女士厕所洗手台区域

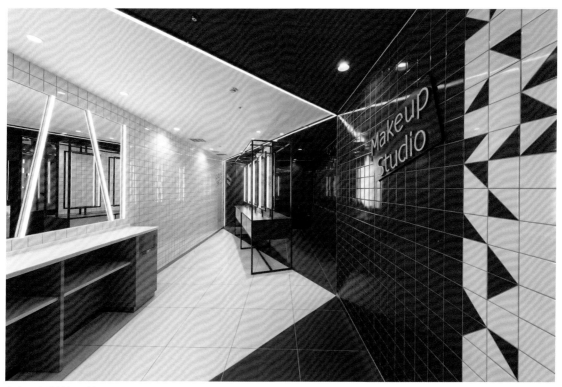

女士厕所化妆间区域

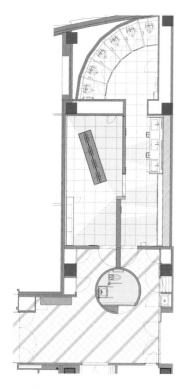

3 层平面设计图

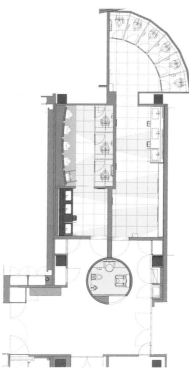

6 层平面设计图

设计要点

- 符合 HEP FIVE 购物中心风格的设计。
- 非常上镜的空间。
- 兼顾便利性和设计性。

女士厕所化妆间区域

女士厕所镜子

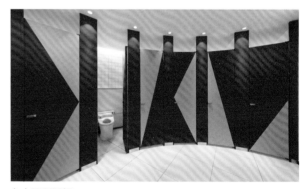

女士厕所隔间

女士厕所化妆间区域

女士厕所化妆间区域

男士厕所

男士厕所

五彩斑斓的厕所，让人热情高涨！

KAWAII MONSTER CAFF 原宿店
东京都涉谷区神宫前 4 丁目 31-10
YM 广场大厦 4 层

面积：21.1 ㎡（女厕 12.3 ㎡、男厕 8.8 ㎡）

设计：圆舞设计工作室
设计师：小松崎充
施工：Roots
摄影：石桥正弘

设计理念

为与店内挂满装饰物的设计风格统一，厕所采用五彩斑斓又具有透明感的材料，空间绚丽、干净。洗手盆由透明的玻璃材料做成，洗手盆下方的玻璃盖板内装满色彩艳丽、亮闪闪的球。镜子边缘的装饰十分特别。厕所的每一个角落都色彩缤纷，像彩色糖果一般圆润的马赛克瓷砖、屋顶的枝形吊灯等。缤纷的色彩交织在一起，让人一踏入厕所就不由得为之惊叹，热情高涨。

洗手台区域

华丽的吊灯

女士厕所

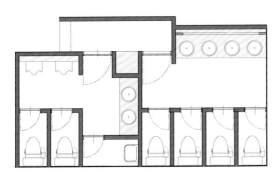

平面设计图

女士厕所指示牌

男士厕所指示牌

男士厕所

日式厕所

心斋桥 BIGSTEP 3 层
大阪市中央区西心斋桥 1-6-14

面积：男厕 12.58 ㎡、女厕 17.53 ㎡

设计：大阪屋贸易有限公司
施工：三荣建设有限公司
摄影：心斋桥 BIGSTEP

设计理念

本案例以东洋风为设计主题，选用日式风格壁纸，不规则地贴在墙面上。

男士厕所是黑色系，女士厕所则是华丽配色。每个隔间的壁纸都不一样，各有特色，趣味十足。女士厕所里还特意设置了一个加大加宽的厕所隔间，方便推着婴儿车的客人使用。该隔间内配有儿童座椅、婴儿尿布台和尿布专用垃圾桶，功能齐备。洗手台周边镶嵌瓷砖，并配置厚重感强的洗手器。

厕所隔间和洗手台之间的通道设计未来感十足，让人十分期待通道另一头连接的是怎样的一个空间，勾起人们的美好遐想。

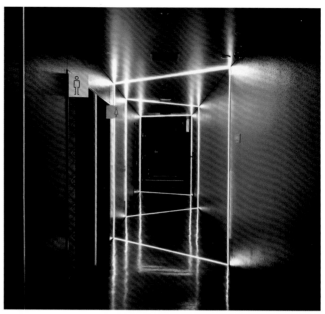

厕所入口

女士厕所隔间

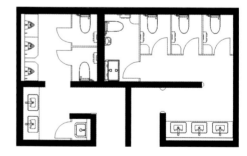

平面设计图

厕所入口（左男，右女）

男士厕所洗手台

迷彩厕所

心斋桥 BIGSTEP 4 层
大阪市中央区西心斋桥 1-6-14

面积：男厕 7.97 ㎡、女厕 13.66 ㎡、多功
能厕所 4.47 ㎡

设计：大阪屋贸易有限公司
施工：三荣建设有限公司
摄影：心斋桥 BIGSTEP

设计理念

多功能厕所、男士厕所和女士厕所的所有墙
壁都使用了迷彩风进行统一装饰。

多功能厕所、男士厕所和女士厕所的主色调
分别是橙色、红色和粉色，用颜色区分厕所，
而且每个厕所都采用了生动活泼的配色方案。
厕所整体色彩斑斓，风格突出。

多功能厕所之前没有 ostomate 专用的污物
清洗设备，此次特意增设了该设备。除此之
外，其他设施如婴儿尿布台、儿童座椅和尿
布专用的垃圾箱等都配备了，功能非常齐全。

男士厕所的隔间内也配备了儿童座椅，男人
们也能安心地带着孩子上厕所。

女士厕所内还设计了化妆间区域。化妆间镜
子的周围设计了一圈 LED 灯，特别亮眼。而
且洗手池的上方还挂着一个画着金鱼和樱花
的吊灯，童趣满分，讨人喜欢。

而厕所入口通过画在地面上的线条指引。使
用不同颜色的线条，并用箭头指出各个厕所
的入口位置，简单易懂，一看就明白。

厕所入口指引

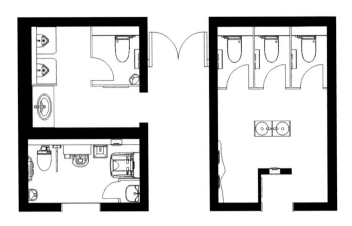

平面设计图

多功能厕所及男士厕所指示牌

女士厕所指示牌

男士厕所

女士厕所

女士厕所化妆间区域

多功能厕所

多功能厕所

公主风厕所化妆间

心斋桥 BIGSTEP B1 层
大阪市中央区西心斋桥 1-6-14

面积：女厕 47.24 ㎡、化妆间 13.82 ㎡

设计：大阪屋贸易有限公司
施工：三荣建设有限公司
摄影：心斋桥 BIGSTEP

设计理念

B1 层厕所的墙面设计和 2 层一样，都采用了极具立体感的水滴设计，让人看到就忍不住想要去触摸一下。

洗手间区域，中央是一个洗手池的大桌子，周围一圈是化妆间部分。沿着环形的化妆间区域，墙上挂了一圈镜子。如此梦幻的设计，让人忍不住马上掏出手机拍照再上传到在线照片共享平台（Instagram）上，分享给其他人。同时为了满足亲子共同上厕所的需求，还设计了儿童专用的隔间。儿童隔间里设施齐全，不仅配备了婴儿尿布台、儿童座椅和尿布专用垃圾箱，还有儿童专用的坐便器和小便池。

从女士厕所隔间一出来就是设施齐全的女性专用化妆间区域。化妆间内配置了大面的镜子和造型精美的凳子。两个化妆台之间用半通明的材料分隔，能遮挡周围的视线，使用起来更加安心。身处这样一个充满公主范儿的化妆间里就让人心情愉快，仿佛自己就是公主一样。

厕所入口

儿童厕所隔间

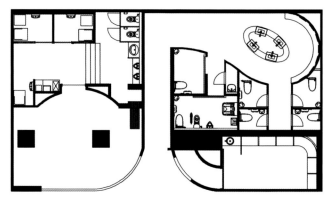

平面设计图

化妆间区域

化妆间区域

洗手台区域

时尚的水滴造型厕所

心斋桥 BIGSTEP 2 层
大阪市中央区西心斋桥 1-6-14

面积：男厕 12.35 ㎡、女厕 17.13 ㎡

设计：大阪屋贸易有限公司
施工：三荣建设有限公司
摄影：心斋桥 BIGSTEP

设计理念

厕所整体使用了水滴的设计表现手法。男、女厕所的入口离得较近，所以使用了蓝色和粉色的 LED 灯进行区分，空间色彩非常艳丽。厕所隔间外观和内部都采用了同样的水滴造型设计，漂亮又时尚。

男士厕所内的小便池区域，在每个小便池旁边配置了一个钩子，使用者可以把手里提着的物品悬挂在上面，非常方便。女士厕所和其他楼层一样，配备了一个加大加宽的隔间。隔间里面备齐了婴儿尿布台、儿童座椅和尿布专用垃圾箱等设施。

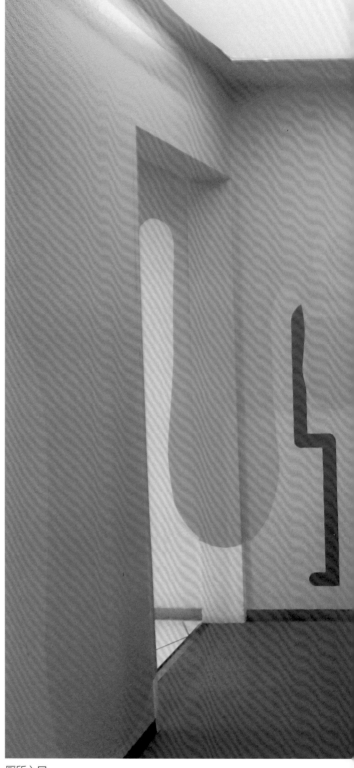

厕所入口

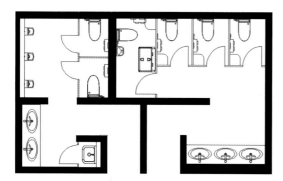

平面设计图

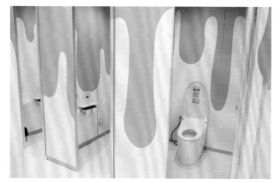

女士厕所

厕所指示图

女士厕所隔间

女士厕所洗手台

男士厕所

奇特的停车场厕所

心斋桥 BIGSTEP B3 层
大阪市中央区西心斋桥 1-6-14

面积：男厕 6.45 ㎡、女厕 6.04 ㎡

设计：大阪屋贸易有限公司
施工：三荣建设有限公司
摄影：心斋桥 BIGSTEP
插画：buggy

设计理念

提起停车场里的厕所，大家印象可能都
不太好。但本案例的停车场厕所和其他
的大不同，设计奇特，完全颠覆你的印象。

厕所入口前的墙面上是艺术家 buggy 画
的一幅涂鸦，作为厕所入口的指示牌。
看到它的一瞬间是不是产生了"这个是
厕所吗"的怀疑？

男士厕所使用了蓝色，女士厕所使用了
粉色，用颜色进行性别区分。厕所里用
圆形灯管做成的洗手池也是别处从未见
过的造型。

女士厕所入口

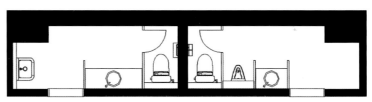

平面设计图

厕所指示图

女士厕所

男士厕所

女士厕所隔间

充满艺术气息的停车场厕所

心斋桥 BIGSTEP B4 层
大阪市中央区西心斋桥 1-6-14

面积：男厕 6.56 ㎡、女厕 6.17 ㎡

设计：大阪屋贸易有限公司
施工：三荣建设有限公司
摄影：心斋桥 BIGSTEP
插画：DORAGON76

设计理念

厕所入口处的墙面上是画家 DORAGON76 画的艺术画。

女士厕所以粉色作为基调进行设计，厕所里放置了一整块长方形的大镜子，镜子四周还用豪华的花纹做了装饰。厕所隔间里的挂钩也很有设计感，像一件复古的艺术品。整个女士厕所装修得像一个公主的房间一样，粉嫩嫩的。而旁边的男士厕所和女士厕所形成了鲜明对比，采用的是非常严肃、简单的设计风格。厕所里放了很多的镜子，有特别的用意，能让狭窄的厕所空间显得更加宽敞一些。

厕所入口

男士厕所

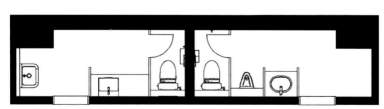

平面设计图

女士厕所

女士厕所洗手台

让孩子们好想进去！电车和巴士造型的儿童厕所

京王游乐场 HUGHUG
东京都日野市程久保 3 丁目 36 番 60

面积：64.75 ㎡（女厕 27.49 ㎡、男厕 16.19 ㎡、儿童厕所 12.85 ㎡、多功能厕所 8.22 ㎡）

设计：丹青社
施工：丹青社

设计理念

HUGHUG 京王游乐场 2018 年 3 月开始营业，是一个洋溢着温暖木头感的室内游乐设施场所。

厕所设计的目标是建成一个让孩子们和家长都喜爱的地方。儿童厕所将京王最新的 5000 系列电车和巴士作为设计主题，在潜移默化中将孩子们培养成京王未来的忠实粉丝。为了尽可能地还原电车和巴士，设计方同企业主京王的铁道、巴士部门多次探讨和修改后才确定最终方案。厕所隔间内部再现车内座椅，力图精准还原各个细节。同时，在男士和女士厕所里都设置了儿童专用的小便器和洗手池，所有隔间均配有婴儿尿布台和婴儿座椅，提高使用的便捷性。

厕所建成后因使用方便好评不断。特别是儿童厕所，每到休息日都要排长队，小朋友们都自觉地排成一排。家长们不断高兴地赞叹：孩子们一个人就能上厕所了呀，真棒！

📣 设计要点

● 游乐场整体设计理念是"寓教于乐"。厕所设计最重要的是勾起孩子们的好奇心。设置在公共区域的列车造型隔间能让孩子们放松警惕，心情愉快地走进去。

儿童厕所

女士厕所

母婴室、儿童厕所指示牌

厕所入口

女士厕所隔间

多功能厕所

平面设计图

👉 通用性设计

★因为是面向孩子的游乐设施场所，所以无障碍厕所和其他厕所都要设置在孩子们喜爱的游乐设施附近。男厕、女厕都需要满足亲子使用的需求，设施配置齐全。同时，还要考虑带着多个孩子来玩的家庭，尽可能将多功能厕所设计得更加宽敞，确保能同时进多个人。

如风吹过的厕所

DS Nursery 幼儿园
茨城县神栖市

设计：日比野设计、幼儿之城
摄影：Ryuji Inoue（Studio Bauhaus）

设计理念

当地常年有大风吹过，是国内有名的风力发电站所在的区域。所以幼儿园就采用了当地引以为傲的"风"作为园区和厕所设计的主题。幼儿园里基本都是3—5岁的小朋友。

幼儿园内的建筑物和厕所，都使用了"风"作为设计主题。厕所里的隔间都是椭圆形状的，洗手池也是圆形的，小便器还设计成了风车的样子，整个厕所仿佛被风包围一样。

厕所正对着的是幼儿园的内院，可以保障私密性，不用考虑外人视线的问题。所以厕所对着院子的整面墙都使用大块的透明玻璃制成。厕所内部没有分区、间隔，从院子可以直接进到厕所里。阳光穿过玻璃墙直射入厕所内，内部的采光条件非常好，而且阳光中的紫外线还有杀菌功能，在厕所除臭方面也有帮助。同时厕所的地板采用了速干性材料，即使洒上水也会很快变干，能让厕所长期保持干净、清洁的状态。从结论上来说，本案例解决了厕所历来具有的3大问题——"暗、臭、脏"。孩子们喜欢漂亮、干净的厕所，不会再抗拒上厕所，也不会因为害怕上厕所而憋尿，每天都能健康快乐地生活。

院子

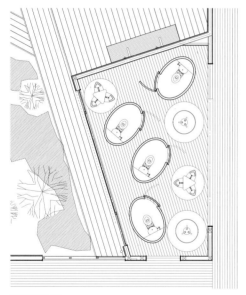
平面设计图

📖 设计要点

┌─────────────────────────────────┐
◉院子的四周都被房子包围，所以不用担
心外人的视线。
◉厕所内部没有分区，可以从院子直接进、
出厕所。
◉太阳光能直接照到厕所里，地板又采用
速干材料，让厕所整体都非常明亮、干净。
└─────────────────────────────────┘

厕所内部

带滑梯的儿童厕所

心斋桥 BIGSTEP B1 层
大阪市中央区西心斋桥 1-6-14

面积：儿童厕所 28.07 ㎡

设计：大阪屋贸易有限公司
施工：三荣建设有限公司
摄影：心斋桥 BIGSTEP

设计理念

B1 层的女士厕所旁边就是母婴室和儿童厕所，方便带着孩子来的家庭使用。母婴室里设备齐全，有两个隔开的哺乳房间，房间内设有婴儿尿布台以及尿布专用垃圾桶。而且哺乳房间的外面还配置了调奶器，可以给宝宝冲奶粉。从母婴室边上的楼梯能找到儿童厕所的入口。儿童厕所内左右两侧配备了儿童专用的小便器和大便器，即使小朋友独自上厕所也完全没有问题。

当小朋友独立上完厕所，可以通过厕所里的滑梯滑到外面来。设计师设计这个滑梯的用意是想给小朋友们一个"独立上完厕所的奖励"，激发他们自己上厕所的意愿。在厕所里设计滑梯的想法很独特，像童话故事里变出来的那样美好。

儿童厕所入口

指示牌和滑梯

厕所指示牌

调奶器

内部隔间

内部隔间

执笔者介绍

老田智美，NATS 环境设计网络有限公司董事长，一级建筑师。本科毕业于日本神户艺术工科大学艺术工学环境设计专业。研究生就读于摄南大学研究生院工学研究科社会开发工学专业。2006 年取得东京大学工学博士学位。曾担任城市再开发顾问、兵库县立社会福利部门的街道建设研究所研究员。目前，以与高龄人士和残障人士相关的生活环境为主题进行深入研究，同时将研究所得运用到设计业务和通用性设计书籍的编纂中。

田中直人，本科毕业于日本大阪大学工学部建筑工学专业。研究生就读于东京大学研究生院工学系研究科建筑学专业。东京大学工学博士学位。一级建筑师。曾担任神户市社会福利街道建设部门、新城开发部门的规划和设计职位。之后，任职神户艺术工科大学教授、摄南大学教授、岛根大学研究院特聘教授。主要参加各地通用性设计相关的活动，从事建筑、城市规划、设施及环境设计工作。

图书在版编目（CIP）数据

厕所革命：日本公共厕所设计 / 日本阿尔法图书编；
秦思译 . -- 南京 : 江苏凤凰科学技术出版社 , 2020.1

ISBN 978-7-5713-0618-2

Ⅰ . ①厕… Ⅱ . ①日… ②秦… Ⅲ . ①公共厕所 – 建
筑设计 Ⅳ . ① TU998.9

中国版本图书馆 CIP 数据核字 (2019) 第 234786 号

厕所革命　日本公共厕所设计

编　　　者	[日]阿尔法图书（alpha books）	
译　　　者	秦　思	
项 目 策 划	凤凰空间/李雁超	
责 任 编 辑	刘屹立　赵　研	
特 约 编 辑	李雁超	

出 版 发 行	江苏凤凰科学技术出版社
出版社地址	南京市湖南路1号A楼，邮编：210009
出版社网址	http://www.pspress.cn
总 经 销	天津凤凰空间文化传媒有限公司
总经销网址	http://www.ifengspace.cn
印　　刷	天津图文方嘉印刷有限公司

开　　本	787 mm×1 092 mm　1 / 16
印　　张	17
版　　次	2020年1月第1版
印　　次	2020年1月第1次印刷

标 准 书 号	ISBN 987-7-5713-0618-2
定　　价	268.00元（精）

图书如有印装质量问题，可随时向销售部调换（电话：022-87893668）。